반도체
비즈니스
제대로 이해하기

반도체 비즈니스 제대로 이해하기

초판 6쇄 발행일 2021년 4월 21일
초판 1쇄 발행일 2010년 2월 22일

지은이 강구창
펴낸이 이원중

펴낸곳 지성사 출판등록일 1993년 12월 9일 등록번호 제10-916호
주소 (03458) 서울시 은평구 진흥로 68(녹번동) 2층(북측)
전화 (02) 335-5494 팩스 (02) 335-5496
홈페이지 www.jisungsa.co.kr 이메일 jisungsa@hanmail.net

© 강구창, 2010

ISBN 978-89-7889-214-8 (03560)

잘못된 책은 바꾸어 드립니다. 책값은 뒤표지에 있습니다.

이 도서의 국립중앙도서관 출판예정도서목록(CIP)은 서지정보유통지원시스템 홈페이지(http://seoji.nl.go.kr)와
국가자료공동목록시스템(http://www.nl.go.kr/kolisnet)에서 이용하실 수 있습니다.
(CIP제어번호: CIP 2010000374)

반도체
비즈니스
제대로 이해하기

반도체는 어떻게 만들어지고 판매되는가

강구창 지음

들어가는 말

"ST 마이크로 일렉트로닉스사와 하이닉스 반도체는 중국 짱수성江蘇省 우시無錫에 설치한 프론트 엔드 메모리 합작 공장의 양산 체계 가동을 공식 발표했다. ……하이닉스와 ST는 성공적인 협력을 진행함으로써 플래시와 DRAM 메모리 모두를 생산하는 새로운 최첨단 공장을 준공하게 되었다. 약 20억 불이 투자된 합작 공장은 ……"

2006년 10월 17일자 전자엔지니어에 실린 내용이다.

ST나 하이닉스는 2008년 현재 전 세계 반도체 회사들 중 매출 순위 각각 5위, 9위에 해당하는 세계적인 대기업이다. 그런 기업이 현재 경쟁 관계에 있는 기업과 합작하여 국내도 아닌 제3국에 반도체 공장을 설립하는 이유는 무엇인가?

여러 가지 전략적 이유가 있겠지만, 가장 근본적인 이유는 반도체 공장FAB 설립에 소요되는 엄청난 자금 때문이다. 통상적으로 반도체 공장 하나를 설립하는 데는 수조 원의 자금이 필요하다.

세계 5위, 9위 하는 대기업도 서로 합작하여 반도체 공장을 설립한다. 그런데 자본금이 불과 몇 천만 원인 반도체 벤처 회사가 국내에만 수십,

수백 개 존재하는 것은 어떻게 된 일일까?

그런 반면 휴대폰용 반도체 하나로 2008년 현재 세계 반도체 매출 8위에 오른 퀄컴Qualcomm이라는 회사는 정작 반도체를 제조하는 생산 라인이 없다. 이것은 또 어떻게 가능할까?

개인적으로 18여 년간의 샐러리맨 생활을 접고 조그마한 법인을 설립하여 지난 4년 동안 많은 사람들을 만났다. 투자자나 다른 업종의 기업체 경영자들도 반도체 사업은 많은 자금이 필요하다는 것을 잘 알고 있다. 그래서 필자가 손수 작성한 사업 계획을 이야기하면 다 듣고 나서 공통적으로 물어보는 말이 있다.

"대기업에서 수주는 받아 놓으셨나요?"

수조 원이 들어간다는 사업에 달랑 몇 천만 원, 혹은 몇 억 원의 자본금으로 뛰어든다니 대기업의 하청 업체쯤으로 여기는 것은 어쩌면 지극히 당연한 일이다.

5년 전쯤에 시간적 여유가 있어서 『반도체 제대로 이해하기』라는 책을 집필했었다. 그 당시 나는 일반인들이 반도체의 기술적인 문제를 궁금해 한다고 생각했다. 실제로 필자가 대기업에 있을 때 필자에게 반도체에 대해 물어온 영업팀이나 관리팀 직원들은 그러했었다. 그래서 나는 그런 궁금증을 충족시켜주기 위해, 즉 전자 공학이나 반도체를 전공하지 않은 일반인들도 반도체를 쉽게 이해할 수 있도록 하기 위해사실 독자 평가 중엔 어렵다는 글들도 많았지만 그 책을 썼다.

　　그런데 지난 5년여 동안 그 책을 구입한 독자들의 평가를 모니터링 해 본 결과 그 책을 구입한 사람들은 일반인들보다 오히려 반도체에 대한 전반적인 개념을 이해하고자 하는 전자 공학이나 반도체를 전공하는 학생들과 반도체 회사에 갓 들어가 대학 시절 배웠던 것을 실제 회사 업무에 접목시키려는 신입 사원들, 또는 반도체를 전공하지 않았고 반도체가 주 업무도 아니지만 반도체와 연관된 업무를 하는 사람들인 것으로 나타났다.

　　반면에 순수 일반인들은-반도체나 전자 공학을 전공하지 않고, 또 그런 업종에 종사하지 않는 사람들은-반도체의 기술적인 얘기보다는 반도체 업종의 비즈니스 모델에 대해 궁금해 한다는 것을 근래 2년여간 여러 사람들을 통해 알게 되었다. 그 사람들이 직접적으로 '비즈니스 모델 business model' 이라는 용어를 사용하지는 않았지만, 원하는 내용은 바로 그런 것들이었다.

많은 사람들이 반도체 회사라고 하면 하얀 가운사실은 방진복, 즉 smock 이다을 머리까지 뒤집어쓴 채 빠끔히 눈만 내놓고 뭔가 작업을 하거나 우주복 같은 옷을 입고 장비를 조작하는 모습을 떠올린다. 맞는 말이다. 하지만 그것은 마치 어린아이들이 의사라고 하면 수술용 가운을 입고 마스크를 쓰고 흰 고무장갑을 낀 손에 피 묻은 외과용 칼을 들고 수술을 하는 사람을 떠올리는 것과 같다. 외과 의사가 의사이기는 하지만 외과 의사만이 의사가 아니듯이 일반인들이 떠올리는 그런 회사들은 반도체 제조 회사, 즉 팹FAB이다.

팹은 반도체 회사의 대표적인 형태이기는 하지만 수많은 반도체 관련 회사 중에 극히 적은 수를 차지한다전 세계적으로 몇 개 되지 않는다. 그래서 어쩌면 독자들 중에는 반도체 회사에 다닌다는 사람을 만났으나 그런 이미지의 일을 하는 사람이 아닌 것을 알고 저 사람이 정말 반도체 회사 직원인가 의아해 했던 적도 있을 것이다. 심지어 반도체 회사에서 반도체를 개발한다면서 트랜지스터가 어떻게 생긴지도 모르는 사람을 만나 본 독자들도 있을 것이다.

대체로 기술 개발을 담당하는 엔지니어들은 기술에만 집착하고 경영 측면을 노골적으로 무시하는 반면, 경영 분야를 담당하는 사람들은 겉으로는 기술을 중시한다면서 속으로는 경시하는 측면이 없지 않다. 필자는 둘 다 옳지 않다고 본다. 기술과 경영 어느 한쪽이 부족하면 그 회사는 물론 나아가 그 산업도 결국 도태될 수밖에 없다.

비즈니스 모델 자체도 특허가 된다는 것을 알고 있는 독자들도 있을 것이다. 그리고 어떤 산업이든 그 산업과 관련한 기술을 잘 알고 있는 사람이라야 새로운 비즈니스 모델을 만들어 낼 가능성이 높다.

포드 자동차를 설립한 헨리 포드Henry Ford는 자동차를 발명하지는 않았다. 하지만 포드는 에디슨 전등회사에 근무하던 시절에 이미 동료와 단

둘이서 퇴근 후 남는 시간을 이용해 자동차를 조립했다. 자동차가 흔하지 않았던 100여 년 전의 일이라는 것을 고려해야 한다. 또 코닥Kodak을 설립한 조지 이스트먼George Eastman은 저축은행 직원 시절에 그 당시엔 매우 고도의 전문 기술인 습식 사진을 직접 찍고 현상까지 했다. 역시 100년 전쯤의 일이다.

포드가 자동차 회사를 세웠을 때 이미 여러 자동차 회사가 있었다. 이스트먼이 필름 회사를 세웠을 때 역시 많은 필름 회사들이 앞서가고 있었다. 이 두 사람이 그 분야의 기술을 최초로 발명한 것은 아니었다. 새로운 비즈니스 모델을 만들어냈을 뿐이다. 그리고 그것은 두 사람이 이미 그 분야의 기술을 숙지하고 있었기에 가능했던 일이라 여겨진다.

이 책은 반도체 업종에 현재까지 어떤 사업 형태비즈니스 모델, business model들이 있으며, 그에 상응하여 어떤 형태의 회사들이 존재하는지를 소개한다.

모든 산업이 그렇듯이 시간이 흐를수록 반도체 산업은 세분화되어 간다. 따라서 앞으로도 얼마든지 여기서 언급하지 않은 비즈니스 모델이나 새로운 형태의 회사가 나타날 것이다. 특히 급변하는 반도체 기술의 특성상 비즈니스 모델도 매우 빠르게 진화하며, 그에 따라 새로운 형태의 반도체 회사들이 설립될 것이다.

이 책에서는 기술적인 언급을 되도록 하지 않았다. 그간 비즈니스 모델에 관심 있는 사람들을 만나 보니 그들은 대체로 기술적인 얘기를 견딜 수 없이 따분해 한다는 것을 깨달았기 때문이다. 대신 좀 더 기술적인 내용이 궁금한 독자들을 위해 참고 자료를 각 장마다 명기했다. 사실 시중에는 훌륭한 참고 문헌들이 아주 많다. 너무 많아서 무엇을 소개해야 할지 고르기 어려울 정도이다.

그러나 그 훌륭한 문헌들은 전자 공학이나 반도체 공학을 전공한 사람들에게는 아주 유용하지만 일반인들이 읽고 이해할 만한 수준의 내용은 결코 아니다. 따라서 부족하나마 일반인들에게 기술적 측면에서 이해를 도와줄 수 있는 자료로 필자의 첫 번째 졸저인 『반도체 제대로 이해하기』를 택했다. 해당하는 기술적 내용이 그 책의 몇 쪽에 있는지를 명시하였으니 혹시 이 책을 읽으면서 기술적으로 좀 더 궁금한 점이 있다면 찾아서 읽어 보면 도움이 될 것이다.

아무쪼록 반도체 산업에 대해 궁금증을 갖고 있는 일반인들과 반도체 기술이 어떻게 비즈니스와 연결되는지 호기심이 있는 사람들에게 이 책이 조금이나마 도움이 되기를 희망한다.

그리고 불혹의 나이를 훌쩍 넘어선 이 아들을 위해 아직도 매일같이 기도해 주시는 아버지, 어머니께 감사드리고, 이 책의 출판을 위해 수고하신 지성사 식구들에게 이 자리를 빌어 감사의 말씀을 전한다.

폭설에 뒤덮인 애지헌 주위를 거닐며, 2010년 1월

九沙 강구창

차례

들어가는 말   4

CHAPTER 1
반도체 설계 및 제조 단계   15

1.1 상위 수준 기술 | 1.2 RTL 코딩 | 1.3 합성 | 1.4 게이트 수준 시뮬레이션 | 1.5 P&R | 1.6 레이아웃 검증 | 1.7 포스트 시뮬레이션 | 1.8 마스크 제작 | 1.9 반도체 제조 | 1.10 웨이퍼 수준 테스트 | 1.11 반도체 조립 | 1.12 최종 테스트 | 1.13 신뢰성 테스트 | 1.14 판매

CHAPTER 2
반도체 사업의 형태   55

2.1 반도체 팹 사업 | 2.2 세컨드 소스 사업 | 2.3 반도체 조립 사업 | 2.4 ASIC 사업 | 2.5 COT 사업 | 2.6 파운드리 사업 | 2.7 IP 사업

CHAPTER 3
반도체 회사의 종류   89

3.1 종합 반도체 회사 | 3.2 파운드리 회사 | 3.3 반도체 조립 회사 | 3.4 팹리스 회사 | 3.5 디자인 하우스 | 3.6 IP 회사 | 3.7 마스크 하우스 | 3.8 EDA 회사 | 3.9 테스트 하우스 | 3.10 장비 회사 | 3.11 웨이퍼 회사

CHAPTER 4

반도체 사업 형태에 따른 회사 간의 업무 영역과 업무의 흐름   129

4.1 종합 반도체 회사에서의 업무 흐름 | 4.2 ASIC 사업 형태에서의 업무 흐름 | 4.3 COT 사업 형태에서의 업무 흐름 | 4.4 파운드리 사업 형태에서의 업무 흐름

CHAPTER 5

반도체의 분류   143

5.1 아날로그 반도체와 디지털 반도체 | 5.2 범용 반도체와 ASSP/ASIC 반도체 | 5.3 메모리 반도체와 시스템 IC

CHAPTER 6

전 세계 반도체 회사의 매출액 순위   155

CHAPTER 7

최근 우리나라 주요 반도체 회사들의 변천사   161

CHAPTER 8

최근 반도체 분야의 기술 동향   165

글을 맺으며   177

CHAPTER 1

: 반도체 설계 및 제조 단계

그림 1.1은 반도체 설계와 제조 단계를 간략하게 나타낸 것이다. 그림에서 사각형은 절차상의 단계를, 타원형은 그 절차에서 생겨나는 결과물과 필요한 입력물을 말한다. 또 푸른 선은 그 절차에서 필요로 하는 입력물과 산출물의 방향을, 붉은 선은 절차상 순서의 방향을 나타낸다.

이 그림은 요즘 많이 사용되는 SoC System on Chip[1] 설계에 사용되는 흐름도를 나타낸 것이므로 아날로그 설계나 메모리 설계와는 다소 차이가 있다. 이 책에서는 이 그림을 기준으로 살펴보고자 한다.

이 책은 분명 비즈니스에 관한 책이다. 또 책 머리에 기술적인 언급은 되도록 하지 않겠다고 밝힌 바 있다. 그런데 첫 장부터 기술적인 냄새가 물씬 풍기는 반도체 설계와 제조의 흐름을 거론하려는 이유는 무엇인가? 그것은 바로 현재의 모든 반도체 비즈니스가 과거에는 존

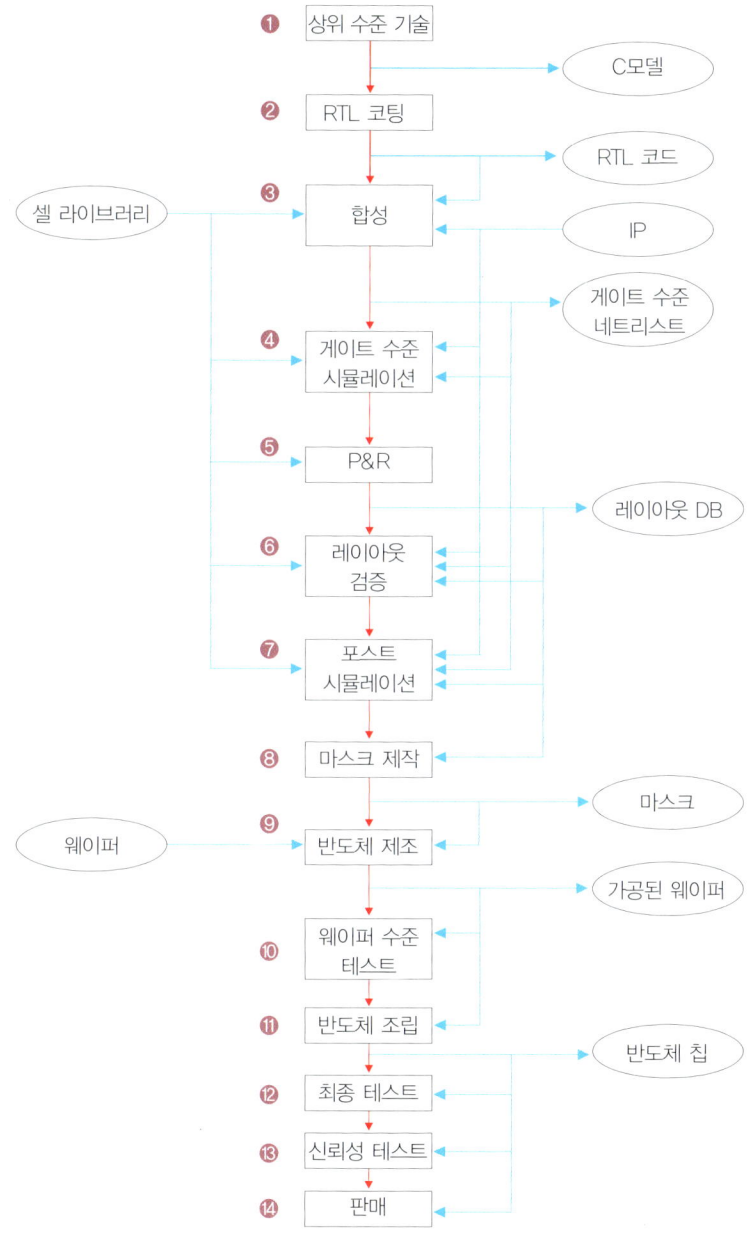

그림 1.1 반도체 설계 및 제조의 개략적 흐름도

CHAPTER 1 | 17

재하지 않았던 비즈니스 모델들을—현재는 당연시 되는 비즈니스 모델들을—이러한 기술적인 흐름도상에서 발굴하여 발전해 왔기 때문이다. 따라서 이 흐름도를 이해하지 못하면 현재의 비즈니스를 이해할 수 없다.

비유를 들어 설명할까도 생각해 보았지만, 비유가 갖는 한계 역시 뚜렷하다. 어떤 비유든 실체의 어느 특정 부분만을 설명할 때에는 효과적일 수 있다. 하지만 실체의 모든 부분을 일관성 있게 설명하는데는 모순이 발생하기 마련이다. 따라서 실체를 통한 설명이야말로 가장 설득력 있고 확실한 방법이리라. 대신에 독자들의 이해를 돕기 위해 간단한 예를 들어 설명하겠다.

1.1 상위 수준 기술

상위 수준 기술high level description이란 컴퓨터 언어상의 상위 언어high level language로 기술한다는 의미이다. 즉 기계어나 어셈블리어가 아닌 포트란FORTRAN, 파스칼PASCAL 같은 상위 수준 언어를 말하는데 요즘은 모두들 C언어C language를 사용하고 있다.

그리고 C모델이란 그냥 C언어로 작성된 컴퓨터 프로그램을 의미한다. 굳이 프로그램이란 말을 사용하지 않고 모델이라는 말을 사용한 것은 이 프로그램이 각 설계 단계의 시뮬레이션에서 기준이 되기 때문이다. 즉 C프로그램의 결과를 RTL 시뮬레이션이나 게이트 수준 시뮬레이션에서 비교 대상으로 삼기 때문이다. 오른쪽 페이지의 예

1.1.1은 A라는 값과 B라는 값을 더하여 S라는 값으로 하라는 C프로그램의 간단한 예이다.

예 1.1.1

S=(A+B);

반도체를 설계하면서 왜 컴퓨터 언어인 C언어를 사용하는가?

첫 번째 이유는 시간 때문이다. 뒤에 나오는 RTL_{Register Transfer Level} 시뮬레이션이나 게이트 수준_{gate level} 시뮬레이션도 마찬가지인데, 반도체는 제조하는 시간만 해도 서너 달이 걸린다. 게다가 설계가 끝나도 생산 라인에 들어가기까지 한 달 정도 소요된다. 즉 설계 단계에 오류가 있으면 그것이 반 년쯤 지나서 나타난다는 의미다. 그래서 실제 제조에 들어가기 전에 설계 단계에서 오류가 없는지 검증을 하는데 이를 시뮬레이션_{simulation}이라 한다. 비행 시뮬레이션이나 골프 시뮬레이션 게임처럼 실제가 아닌 컴퓨터상에서 모의 실험을 하는 것이다. 물론 실험의 수위를 어떻게 정하는가 따라 그 정확도가 달라진다. 하위 수준의 시뮬레이션일수록 정확도가 높아진다. 즉 C모델에서보다는 RTL 시뮬레이션이, RTL 시뮬레이션보다는 게이트 수준 시뮬레이션의 정확도가 높다. 그리고 그림 1.1에는 나와 있지 않으나 게이트 수준보다도 더 하위 수준의 트랜지스터 수준_{transistor level, circuit level} 시뮬레이션 중에 hspice라는 시뮬레이터가 있다.

그런데 이 hspice 시뮬레이터의 결과는 매우 정확해서 국제적으로도 실제 반도체 칩을 제조한 것 다음으로 인정을 해 준다. 심지어 시간적인 이유로 아직 반도체 칩을 제조하지 못하고 쓴 논문이라도 받아줄 정도이다. 대신 아래로 갈수록 정확도는 높아지나 시뮬레이션 시간이 길어진다. 예를 들어 RTL 시뮬레이션에서 1~2일 걸릴 분량의 복잡도를 가지는 반도체 칩이라면 게이트 수준 시뮬레이션에서는 몇 주가 소요된다.

실제로 필자가 오래전에 트랜지스터 수준 시뮬레이션으로 2주일이 걸린 회로를 훨씬 사양이 낮은 컴퓨터에서아마도 1/50~1/100정도 성능의 컴퓨터 게이트 수준 시뮬레이션을 했더니 20분 만에 끝난 적도 있다. 따라서 C프로그램으로 2~3일 걸리는 분량의 설계를 트랜지스터 수준 시뮬레이션으로 한다면 아마도 몇 달이 걸릴 것이다.

이렇듯이 시뮬레이션은 그 정확도와 소요 시간이 서로 상충 관계 trade off에 있다. 따라서 설계 처음 단계에서는 일단 자신이 설계하고자 하는 칩의 기능에 대한 자신의 아이디어사실은 알고리즘을 검증하는 것인데 여기서는 그냥 아이디어라고 하겠다가 맞는지부터 확인해야 한다. 그러기 위해 시뮬레이터 중에 가장 속도가 빠른 C언어를 사용하여 프로그램을 짜서 자신의 아이디어를 검증하는 것이다.

물론 이는 정확도 면에서 떨어진다. 하지만 정확도가 떨어진다는 것이 엉터리 결과를 내놓는다는 의미는 아니다. 이는 차츰 설명하겠으니 일단 여기서는 정확도는 떨어지지만 아이디어나 동작을 검증하는 데는 충분하기 때문에 컴퓨터 프로그램을 짜고, 실행시켜 검증을 한다고만 이해하자.

C모델, 즉 C프로그램을 사용하는 두 번째 이유는 국제 표준서가 C언어로 쓰인 것들이 많기 때문이다. "국제 표준서가 C언어로 되어 있다고? 내가 보니까 영어로 쓰여 있던데?"라고 말하는 독자도 있을 것이다. 맞다. "국제 표준서가 C언어로 되어 있다고 하더니, 내가 영어로 쓰여 있는 것을 보았다고 하니까 바로 '맞다'라고 말을 번복하네? 그럼 앞의 말이 틀렸다는 소리인가?"라고 오해는 하지 말자. 세상에는 옳은 것이 꼭 한 가지만 있는 것은 아니다. 서로 상반된 듯 보이는 두 가지가 모두 옳은 경우도 있다.

국제 표준서는 영어로 쓰여 있다. 그런데 아주 복잡하고 긴 표준서는 영어로 된 표준서 외에 C언어로 쓰여진 것이 또 있다. 이것도 C모델이라고 한다. 분량이 적은 표준서는 그냥 영어로만 되어 있어도 개발 엔지니어들이 충분히 이해할 수 있다.

하지만 우리가 잘 아는 동영상 압축 표준인 MPEG의 경우만 하더라도 표준서는 CD로 몇 장이고, 그것을 프린트하면 300~400쪽 분량의 책으로 5~6권이나 된다. 그러나 수천 쪽 분량의 국제 표준서를 읽고 단 한 줄도 빠짐없이 이해할 수 있는 사람이 전 세계에 몇 명이나 있을까? 그 표준서에서 단 한 줄만 잘못 이해해도 반도체 칩은 작동을 멈춘다.

그래서 국제 표준 기구에서는 글로 기술한 표준서 외에 컴퓨터 언어로 된 C모델을 같이 제공한다. 즉, 컴퓨터로 실행을 해서 제대로 되는지 보고, 자신의 아이디어로 작성한 프로그램도 같이 실행시켜서 오류가 없는지 결과를 비교할 수 있게 했다.

물론 그 외에 다른 이유도 있지만 앞의 두 가지 이유가 가장 크다. 이 단계에서는 프로그램을 짜서 실행시켜 국제 표준과 비교를 하거나 자신의 아이디어대로 작동하는지를 검증한다.

앞에서 보았듯이 이 단계에서 아이디어든 알고리즘이든 개발하고 검증하는 것은 모두 컴퓨터 프로그램 언어인 C언어를 사용한다. 때문에 꼭 반도체나 전자 공학을 전공하지 않은 전산학 전공자들도 이 단계의 개발에 참여할 수 있다. 독자들 중에는 반도체 회사에서 반도체를 설계한다는 사람이 트랜지스터가 어떻게 생겼는지도 모른다는 사실에 어리둥절했던 경험이 있을 것이다. 그것은 바로 이런 이유에서 비롯된 것이다.

1.2 RTL 코딩

RTLRegister Transfer Level 코딩이란 HDLHardware Description Language 이라는 하드웨어를 기술하는 언어를 사용하여 설계하는 것을 말한다. 이것은 형태도 상위 수준의 프로그램 언어와 비슷하고, 그 과정도 프로그램을 짜는 것과 흡사하여 '설계' 라는 말보다는 '코딩coding' 이라는 말을 더 많이 사용한다. 많이 사용하는 언어는 VHDL 과 verilog 베리로그 HDL 이다. VHDL은 시스템 엔지니어들이 많이 사용하고 반도체 엔지니어들은 주로 verilog HDL을 사용한다. 물론 두 가지 언어를 모두 사용할 줄 아는 엔지니어들도 많다. 여기서는 필자에게 익숙한 verilog 언어로 설명하겠다.

예 1.1.1의 C프로그램을 verilog HDL로 기술하면 예 1.2.1과 같다.

맨 왼쪽에 있는 숫자 1~11은 실제 기술할 때 사용되는 것이 아니고 설명을 위해 적은 것이니 착오가 없기를 바란다. 이점을 고려하고 찬찬히 예 1.2.1을 살펴보자. 예 1.1.1에 비해 뭔지는 모르지만 좀 길어진 듯하다. 잘 살펴보면 줄 9가 핵심처럼 보이는데 S<=(A+B)라고 되어 있고, 이는 예 1.1.1의 S=(A+B)와 비슷해 보인다. 골뱅이(@)

```
1   module  sum (S, A, B, clk);
2
3   output[5:0]        S;
4   input[4:0]         A, B;
5   input              clk;
6
7   reg[5:0]           S;
8
9        always @ (posedge clk) S <= (A+B);
10
11  endmodule
```

예 1.2.1 verilog HDL로 기술한 RTL 코드의 예

표시도 있고 '⟨' 기호도 있다. 일단 여기서는 기술적인 언급은 생략하고 예 1.2.1의 HDL 기술과 예 1.1.1의 C프로그램 간의 차이점만 설명하겠다.

줄 1에 보면 괄호를 치고 S, A, B, clk이라 적었다. 이는 괄호 안의 신호들이 외부에서 들어오는 입력이거나 외부로 나가는 출력이라는 의미이다. 그리고 다시 줄 3~5에서 그 신호들이 입력인지 출력인지를 정의하였다.

그런데 줄 3~4를 보면 대괄호 [ ] 안에 숫자가 들어 있다. 줄 3의 경우 S라는 출력은 S[0], S[1], S[2], S[3], S[4], S[5] 해서 모두 6비트 bit^2를 의미한다.

줄 4의 A는 A[0], A[1], A[2], A[3], A[4] 모두 5비트, B도 역시 5비트로 이루어진 신호를 의미한다. 줄 7도 역시 S가 6비트인데 저장 기능이 있는 메모리라는 의미이다.

앞서 C모델이 부정확하다는 말의 의미를 되새겨 보면, 예 1.1.1에서는 변수들이 몇 비트인지를 알 수가 없다. 물론 C언어에서도 char, int, float, long, double 이라는 선언문을 통해 그 변수들이 사용할 메모리의 비트 수를 정한다.

그런데 그것은 사용하는 컴퓨터에 따라 어디서는 16비트인 것이 다른 컴퓨터에서는 32비트로 인식된다. 그리고 C언어에서는 8비트, 16비트, 32비트, 64비트와 같은 식으로 정의될 뿐 예 1.2.1에서처럼 5비트, 6비트 식으로 정밀하게 정의하지는 못한다. C프로그램에서

32비트로 선언한 신호들이 실제로는 3비트만 사용되더라도 결국 연산의 결과는 같다.

이것은 요즘 일반 가정용 PC의 하드 디스크 용량도 수십 기가바이트GigaByte, GB, 1 Byte 는 8 bit나 되므로 메모리 용량에 거의 제한이 없어서 가능하다.

그러나 반도체 칩은 그 작은 면적에 메모리를 담아야 한다. 더 심한 것은 사용도 하지 않는 메모리들을 연결하느라 칩 내부에서 연결선이 사방으로 엉켜 있다는 것이다. 그러다 보면 면적이 커지고, 그것은 그만큼 원가 상승의 요인이 되기 때문에 꼭 필요한 만큼의 메모리를 사용해야 한다.

그런데 일반적으로 반도체 칩 내부에 들어있는 메모리 용량은 수백 킬로비트Kilobit, Kb에 불과하다. 즉 PC보다 약 백만 배나 적은 메모리 환경에서 동작을 수행해야 한다. 그래서 이렇게 꼭 필요한 만큼의 메모리를 선언하는 것이 중요하고, 꼭 필요한 메모리가 얼마만큼인지를 미리 계산한 후에 설계를 해야 한다.

그리고 줄 9는 덧셈 동작이 1클록clock[3] 안에 끝난다는 의미이다. 반면 예 1.1.1의 덧셈은 몇 클록 동안 이루어지는지 알 수가 없다. 이처럼 RTL은 C언어에 비해 동작에 필요한 비트 수나 클록의 개수를 정확하게 알 수 있다.

그래서 앞 절에서 C모델이 정확도가 떨어진다고 했던 것이며, C모델의 결과가 영 다르다는 의미는 아니다.

1.3 합성

```
1  module  sum (S, A, B, clk);
2
3  output[5:0]    S;
4  input[4:0]     A, B;
5  input          clk;
6
7  wire[4:0]      pS, CO;
8
9  supply0 gnd;
10
11  FA d0 (pS[0], CO[0], A[0], B[0], gnd);
12  FA d1 (pS[1], CO[1], A[1], B[1], CO[0]);
13  FA d2 (pS[2], CO[2], A[2], B[2], CO[1]);
14  FA d3 (pS[3], CO[3], A[3], B[3], CO[2]);
15  FA d4 (pS[4], CO[4], A[4], B[4], CO[3]);
16
17  DFF i0 (S[0], pS[0], clk);
18  DFF i1 (S[1], pS[1], clk);
19  DFF i2 (S[2], pS[2], clk);
20  DFF i3 (S[3], pS[3], clk);
21  DFF i4 (S[4], pS[4], clk);
22  DFF i5 (S[5], CO[4], clk);
23
24  endmodule
```

예 1.2.2 verilog HDL 게이트 수준 네트리스트 합성synthesis이란 합성 툴synthesis tool을 이용하여 RTL 코드를 게이트 수준의 네트리스트gate level netlist[4]로 바꾸어 주는 과정이다. RTL 코드와 게이트 수준 네트리스트는 둘 다 HDL로 되어 있는데 RTL이 상위 수준의 기술 방법이고, 게이트 수준은 그보다 하위 수준의 기술 방법이다. 예 1.2.1을 게이트 수준 네트리스트로 바꾸면 예 1.2.2와 같이 된다.

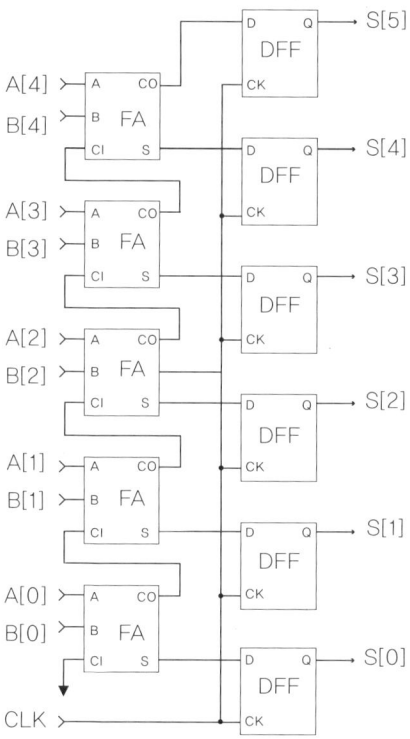

그림 1.2 예 1.2.2의 스키메틱

이 책은 비즈니스에 관한 책이므로 의미는 차치하고 형태만 보자. 여기서도 역시 맨 왼쪽의 숫자들은 설명을 위해 표기해 놓은 것이지 실제 존재하는 것은 아니다. 예 1.2.2는 예 1.2.1에 비해 길고, 특히 줄 7~9에 새로운 신호들이 더 생겼다. 이와 같이 전자 소자들의 연결 상태를 나타내는 문장을 네트리스트netlist라 하는데 이는 컴퓨터가 인식하는 방법이고 사람은 그림 1.2와 같은 회로도를 더 빨리 인식한다. 그림 1.2는 예 1.2.2를 그림으로 나타낸 회로도, 즉 스키메틱schematic이라 한다.

합성 툴이 보편적으로 사용되기 전에는 그림 1.2와 같이 스키메틱 툴을 이용하여 반도체를 설계하고 스키메틱에서 예 1.2.2와 같은 네트리스트를 뽑아냈었다. 그런데 보다시피 그림 1.2나 예 1.2.2와 같이 설계를 하려면 많은 시간이 소요된다. 게다가 날이 갈수록 반도체 칩은 점점 더 복잡해지고 있다. 그런 중에 합성 툴이 나왔다. 이로 인해 예 1.2.1과 같이 RTL 코딩만 하면 자동적으로 게이트 수준의 네트리스트를 만들게 되어 설계 시간을 대폭 줄일 수 있게 되었다. 물론 요즘도 메모리나 아날로그 회로 또는 그다지 복잡하지 않은 회로들은 합성 툴을 이용하지 않고 그림 1.2와 같은 스키메틱을 이용하여 설계를 한다.

예 1.2.2나 그림 1.2에서 FA와 DFF는 스텐다드 셀standard cell[5] 또는 그냥 셀이라고 불리는 기본적인 전자 회로이다. 아주 복잡한 반도체 칩도 결국은 이런 작은 기본 회로들이 수십만 개 또는 수백만 개가 모여 이루어진 것이다. 마치 모든 생물들이 수억 개, 수조 개의 세포cell

들로 이루어진 것과 마찬가지다.

이런 스텐다드 셀은 그림 1.1에서의 셀 라이브러리cell library[6]에 들어 있어서 합성 툴이 RTL 코드를 읽고 그 RTL 코드가 나타내는 기능을 이해해야 한다. 그런 후에 그 기능을 하는 데 어떤 셀들이 필요한지 셀 라이브러리를 읽고 필요한 셀들을 불러다가 예 1.2.2와 같은 네트리스트를 만든다.

또 셀 라이브러리에는 이런 셀들의 동작 기능 외에도 셀의 크기면적, 셀의 동작 속도, 즉 그 셀이 주어진 동작을 하는 데 걸리는 시간propagation delay time, 그리고 동작하는 데 소요되는 전력 등이 합성 툴이나 설계 검증용 툴들이 인식하는 방식으로 기술되어 있다.

설계 시간을 단축시켜 주었다는 것 외에 합성 툴의 또 다른 이점 중 하나는 반도체에 대한 깊은 지식이 없이도 반도체 설계를 가능하게 했다는 점이다. 즉 예 1.2.1의 RTL 코드는 상위 수준의 언어이기 때문에 컴퓨터 프로그램을 짤 줄 아는 사람이라면 쉽게 배울 수 있다. 그림 1.2와 같은 전자 회로를 모르는 사람도 RTL 코드만 짜면 합성 툴이 그림 1.2와 같은 전자 회로를 건너뛰고 예 1.2.2와 같은 게이트 수준 네트리스트를 만들어 주기 때문이다.

그래서 합성 툴이 나오기 전에는 반도체 설계 엔지니어들만이 반도체를 설계할 수 있었지만, 요즘은 시스템반도체 칩 자체가 아닌 전자 제품 엔지니어들이 자신들이 설계할 시스템에 탑재될 반도체 칩을 직접 설계할 수 있게 되었다.

1.4 게이트 수준 시뮬레이션

게이트 수준 시뮬에이션gate level simulation이란 예 1.2.2의 게이트 수준 네트리스트를 가지고 여러 가지 신호를 입력해 주어 시뮬레이션을 하는 것이다.

여기서 정확도에 대해 다시 한번 살펴보자. 예 1.2.1의 RTL 코드는 예 1.1.1의 C모델보다 입력과 출력 신호의 비트 수와 동작하는 데 필요한 클록의 개수를 알려 주기에 더 정확하다고 했다. 이제 RTL 코드와 게이트 수준의 네트리스트 예 1.2.2를 비교해 보자. 게이트 수준의 네트리스트에서는 사용되는 스텐다드 셀의 종류와 개수를 더 알 수 있다. 여기서는 FA라는 스텐다드 셀이 5개, DFF라는 스텐다드 셀이 6개 사용되었음을 알 수 있다. 그리고 셀 라이브러리에는 각 스텐다드 셀의 크기면적와 동작 속도가 기술되어 있다고 했다. 이로써 RTL 코드에서는 몇 개의 클록이 필요한지 알 수 있다. 하지만 그 클록의 주기가 얼마인지는 알 수 없었다.

그런데 게이트 수준 네트리스트에는 어떤 셀이 몇 개나 사용되었는지 알 수 있기 때문에 그 회로가 얼마만한 크기면적를 가지는지 어림잡아 계산할 수 있다. 게다가 셀 라이브러리에는 셀의 동작 속도가 기술되어 있어 동작하는 데 필요한 시간을 알 수 있다. 이 때문에 한 클록의 주기가 얼마인지 알 수 있게 된 것이다.

따라서 게이트 수준의 네트리스트를 가지고 시뮬레이션을 하면 RTL코드로 시뮬레이션 하는 것보다 더 정확한 결과를 얻을 수 있다.

물론 시뮬레이션 하는데 걸리는 시간은 RTL코드에서보다 훨씬 더 오래 걸린다.

1.5 P & R

P&R이란 플레이스먼트 앤 라우팅Placement & Routing의 약자로 셀을 배치placement시키고, 연결routing시키는 작업을 말한다.

셀 라이브러리에는 앞에서 언급한 셀의 동작, 속도 그리고 소모 전력 외에 그림 1.3에서와 같은 레이아웃layout[7]도 들어 있다. 그림 1.3의 위쪽은 셀의 회로를 나타내는 심벌symbol이고, 그 아래는 그 셀에 해당되는 레이아웃이다. 레이아웃은 실제로 실리콘 위에 형성될 트랜지스터의 형태를 나타낸다.

예를 들어 그림 1.4와 같은 회로를 실제로 실리콘 위에 형성시키

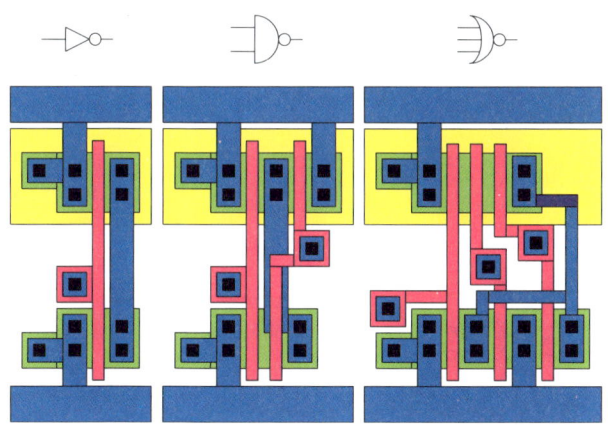

그림 1.3 셀의 심벌과 그에 해당하는 레이아웃

려면 그림 1.3과 같은 레이아웃을 그려야 한다. 그러려면 우선 셀 라이브러리에서 필요한 셀이 무엇인지를 게이트 수준 네트리스트에서 찾아야 한다.

그리고 그림 1.4와 같은 회로를 꾸미기 위해 셀들을 그림 1.5와 같이 배치시킨다. 이것이 배치, 즉 플레이스먼트 과정이다. 당연히 이 과정에서는 게이트 수준 네트리스트를 보고 서로 연결될 셀들을 서로 이웃하게 배치시키는 것이 중요하다.

배치가 끝나면 그림 1.6에서와 같이 네트리스트를 보고 셀들을

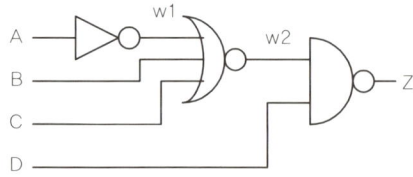

그림 1.4 게이트 수준 회로

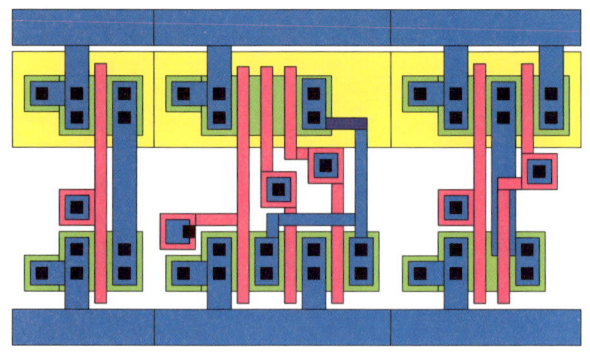

그림 1.5 플레이스먼트(placement)의 예

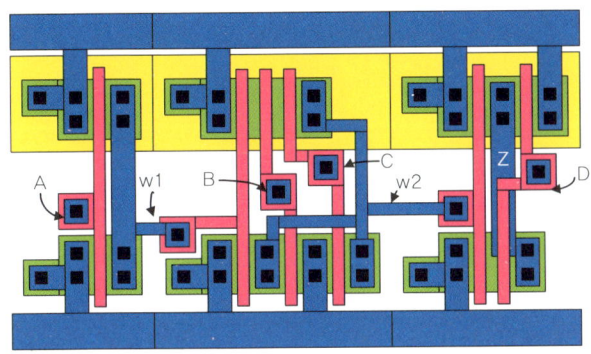

그림 1.6 라우팅(routing)의 예

서로 연결routing시켜 준다. 물론 이런 과정들을 사람이 일일이 손으로 할 수도 있지만, 회로 규모가 매우 크고 복잡한 반도체 칩에서는 툴을 사용하여 작업한다.

그래서 P&R을 APRAutomatic Placement & Routing이라고도 한다. 이 P&R이 끝나면 반도체 칩의 정확한 면적을 알 수 있다. 게이트 수준 네트리스트에서는 사용되는 셀의 종류와 개수를 알 수 있지만, 그 셀들을 연결할 때 얼마만한 면적이 소요되는지는 알 수 없다.

그림 1.6에서는 아주 단순한 회로라서 다행히 셀 내부로 연결되지만 실제로는 셀 외부로 연결되는 경우가 대부분이다. 라우팅까지 끝난 그림 1.6과 같은 데이터 베이스Data Base, DB를 레이아웃 또는 레이아웃 DB라 한다.

그림 1.3은 셀에 대한 레이아웃이고 그림 1.6은 반도체 칩에 대한 레이아웃이다.

1.6 레이아웃 검증

자, 이제 그림 1.6과 같이 P&R이 끝났다. 그런데 이 P&R이 제대로 되었는지 어떻게 알 수 있을까? 그리고 라우팅을 할 때도 그냥 연결만 시키면 되는 것이 아니라 디자인 룰design rule[8]에 따라 폭과 간격을 조절해야 하는데 그 결과는 또 어떻게 알 수 있을까?

때문에 이 P&R이 제대로 되었는지 레이아웃을 검증해야 한다. 검증하는 항목은 레이아웃이 디자인 룰에 맞게 제대로 되었는지 검증하는 DRCDesign Rule Check[9], 내부에서 전기적으로 끊어짐 없이 제대로 되었는지 검증하는 ERCElectrical Rule Check[10], 또 레이아웃이 게이트 수준 네트리스트와 일치하는지 확인하는 LVSLayout vs Schematic[11] 등이 있다.

1.7 포스트 시뮬레이션

그림 1.6과 같이 P&R을 수행하고 나면 w1, w2는 처음 회로도인 그림 1.4에서 저항resistor[12]과 캐패시터capacitor[13]가 없는 이상적인 연결 상태가 된다. 실제로는 셀들이 연결되는 두께와 길이에 따라 기생 소자parasitic device가 나타나 이로 인한 어떤 저항값과 캐패시턴스capacitance 값을 가진다. 이런 기생 소자는 의도했던 것이 아니라 부수적으로 어쩔 수 없이 나타난 것이다.

이런 저항값과 캐패시턴스 값은 셀의 동작 속도를 떨어뜨린다. 모든 셀의 동작 속도가 일정하게 떨어지면 상관없지만 그림 1.6에서 보듯이 연결되는 폭과 길이가 다르기 때문에 셀마다 동작 속도의 저하가 다르게 나타난다. 이 때문에 내부에서 회로들 간의 타이밍timing이 틀어져 칩이 아예 오작동을 일으킬 수 있다. 물론 게이트 수준 시뮬레이션을 할 때 이런 기생 소자들의 값을 어느 정도 예측하고 설계를 한다.

하지만 P&R이 완료될 때까지는 실제로 얼마만한 값이 될지 예측할 수 없다. 따라서 P&R이 끝난 후 기생 소자들의 값들을 추출extraction[14]해서 그런 기생 소자들이 존재하는 상태에서도 반도체 칩이 제대로 동작하는지 게이트 수준에서 다시 한번 시뮬레이션으로 검증한다. 동작이 제대로 되지 않으면 게이트 수준에서 셀을 바꾸던가 RTL 코드로 올라가서 좀 더 효과적으로 합성이 되게끔 RTL 코드를 수정하여 다시 과정을 거친다.

포스트 시뮬레이션도 게이트 수준 네트리스트를 가지고 거기에 기생 소자들까지 합쳐서 시뮬레이션을 하기 때문에 시뮬레이션 시간은 게이트 수준 시뮬레이션보다 더 오래 걸린다. 대신 그만큼 더 정확한 값동작 속도와 동작 여부을 알 수 있다.

1.8 마스크 제작

이제 반도체 설계가 모두 끝났다. 그러면 실제로 실리콘 위에 반도체 칩을 제조해야 하는데, 그러기 위해서는 그림 1.6의 레이아웃을 실리콘 위에 찍어낼 사진의 필름 같은 것이 필요하다. 이것을 마스크

mask[15]라 한다. 요즘은 마스크라는 용어 대신 레티클reticle[16]이라는 용어를 사용하지만 여기에서는 익숙한 마스크라는 용어를 사용하겠다.

마스크는 기계 제품에 비유하면 금형에 해당한다. 금형으로 똑같은 제품을 대량으로 찍어 내듯이 반도체에서는 마스크를 떠서 똑같은 반도체 칩을 반복적으로 찍어 낸다. 단, 금형은 하나의 틀만으로도 같은 제품을 만들어 내지만 마스크는 반도체 칩을 만들기 위해 수십 장이 필요하다.

1.9 반도체 제조

반도체 제조는 사진을 인화하는 것과 아주 흡사하다. 단지 인화지 대신 실리콘 웨이퍼를 사용한다는 점이 다르다. 마스크가 준비되면 그림 1.7과 같은 실리콘 웨이퍼를 재료로 하여 그 위에 마스크로 그림 1.6과 같은 패턴pattern들을 찍어 낸다.

그리고 필요에 따라 어느 부분은 깎아 내고, 어느 부분은 덮어씌우는 과정을 백여 단계 거쳐져야 비로소 반도체 칩이 만들어진다. 이때 아직 가공에 들어가지 않은 웨이퍼를 베어 웨이퍼bare wafer라 한다.

그림 1.7 베어 웨이퍼(bare wafer)

그림 1.1에선 그냥 사각형 하나로만 표시했지만 실제로는 백여 단계의 공정을 거쳐야 한다. 하지만 제조 공정 자체는 이 책이 다루는 범위

가 아니므로 여기서는 생략하겠다. 제조 과정[17]이 궁금한 독자들은 뒤의 "좀 더 이해하기"를 참조하기 바란다.

이런 반도체 제조 과정을 팹FAB, fabrication이라 하는데, 팹은 제조 과정뿐만 아니라 반도체 생산 라인, 또는 반도체 생산 라인을 보유하고 있는 반도체 회사를 지칭하는 용어이기도 하다. 반도체 제조 공정에 걸리는 시간은 대개 8주에서 12주 정도이다. 제조하는 데만 두어 달의 시간이 소요될 정도이니 정교함을 요하는 과정이라는 것을 알 수 있다.

1.10 웨이퍼 수준 테스트

반도체 제조 공정 단계를 다 마치고 나면 그림 1.7의 웨이퍼가 그림 1.8과 같은 웨이퍼로 가공이 되어 나온다. 웨이퍼 상의 사각형 하

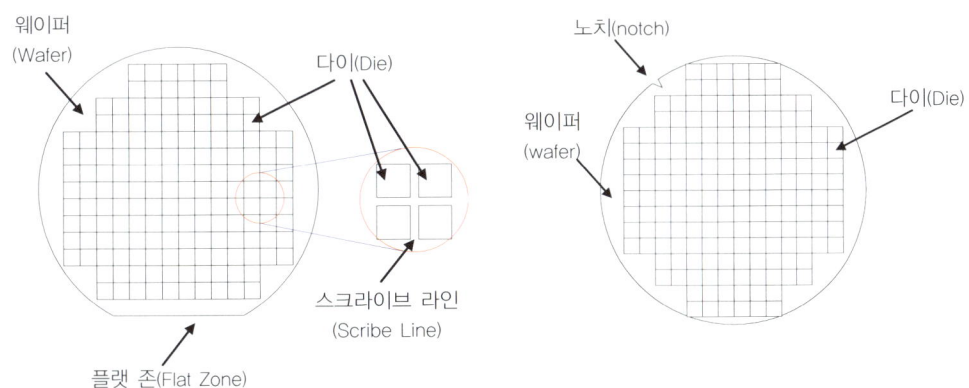

그림 1.8 가공된 실리콘 웨이퍼   그림 1.9 노치(notch) 웨이퍼

나하나가 나중에 반도체 칩이 될 다이die들이다.

제조 공정이 끝난 후 제조가 제대로 되었는지 테스트하는 것을 웨이퍼 수준 테스트wafer level test라 한다. 테스트는 설계 단계에서 사용했던 신호들을 똑같이 보내서 제대로 출력이 되는지 확인하는데, 이 입력 신호와 출력 신호들의 집합을 테스트 벡터test vector라 한다. 일종의 시험 답안지인 셈이다.

예 1.10.1에 예 1.2.1의 회로에 대한 테스트 벡터의 일부를 예로 나타내었다. 예 1.10.1은 신호들을 2진수로 나타낸 것인데, 실제로는 예 1.10.2와 같이 16진수hexadecimal로 표기한 테스트 벡터를 주로 사용한다. 2진수와 16진수의 변환은 표 1.1에서와 같이 한다. 16진수로 나타내는 이유는 표 1.1에서 보듯이 2진수 4자리를 16진수 1자리로 표기할 수 있어서 많은 신호들을 2진수로 나타내는 것보다 짧게 나타낼 수 있기 때문이다. 이런 이점 때문에 사용하는 것일 뿐 다른 특별한 이유는 없다.

테스트 엔지니어는 설계 엔지니어에게 받은 이 벡터를 가지고 테스트 장비에 맞게 프로그램을 작성하여 테스트를 하고, 테스트에 통과하지 못한 다이들에는 표시를 해 둔다. 이것을 잉킹inking작업이라고 한다. 잉킹을 하는 이유는 동작하지 않는 다이에 투여되는 재료와 시간의 낭비를 막기 위해서이다. 잉킹된 다이들은 후단계인 반도체 조립 단계에서 제외된다.

6인치 이하의 웨이퍼를 사용하는 과거에는 그림 1.8과 같은 플랫

존flat zone이 있는 웨이퍼를 주로 사용했지만, 8인치 이상의 웨이퍼를 사용하는 요즘은 그림 1.9와 같은 노치notch 웨이퍼를 사용한다.

	A	B	S
1			
2			
3	00000	00000	000000
4	00001	00000	000001
5	00001	00011	000100
6	00010	00011	000101
7	00010	00110	001000
8	00011	00110	001001
9	00011	01001	001100
10	00100	01001	001101
11	00100	01100	010000
12	00101	01100	010001
13	00101	01111	010100
14	00110	01111	010101
15	00110	10010	011000
16	00111	10010	011001
17	00111	10101	011100
18	01000	10101	011101
19	01000	11000	100000
20	01001	11000	100001
21	01001	11011	100100
22	01010	11011	100101
23	01010	11110	101000
24			

예 1.10.1 테스트 벡터의 예(2진수 표기)

1	A	B	S
2			
3	00	00	00
4	01	00	01
5	01	03	04
6	02	03	05
7	02	06	08
8	03	06	09
9	03	09	0c
10	04	09	0d
11	04	0c	10
12	05	0c	11
13	05	0f	14
14	06	0f	15
15	06	12	18
16	07	12	19
17	07	15	1c
18	08	15	1d
19	08	18	20
20	09	18	21
21	09	1b	24
22	0a	1b	25
23	0a	1e	28
24			

예 1.10.2 테스트 벡터의 예(16진수 표기)

10진수	0	1	2	3	4	5	6	7
2진수	0000	0001	0010	0011	0100	0101	0110	0111
16진수	0	1	2	3	4	5	6	7
10진수	8	9	10	11	12	13	14	15
2진수	1000	1001	1010	1011	1100	1101	1110	1111
16진수	8	9	A	B	C	D	E	F

표 1.1 2진수의 16진수 변환 표

1.11 반도체 조립

그림 1.8 또는 그림 1.9와 같은 웨이퍼가 생산되고 웨이퍼 수준의 테스트가 끝나면 그림 1.8에서 보이는 스크라이브 라인scribe line 대로 다이아몬드 톱을 이용해 다이die들을 잘라 낸다. 이런 작업을 소잉sawing이라 한다. 실질적인 반도체 회로들은 이 다이 안에 들어 있지만, 실리콘으로 된 다이는 사람 손으로 다루면 부서지기도 하고 습기가 차서 동작을 하지 않을 수도 있다.

게다가 반도체 칩 내부의 트랜지스터들을 연결하는 선의 폭이 1마이크로미터도 되지 않아사람의 육안으로 식별 가능한 두께는 평균 100마이크로미터라고 한다 전자 제품 내에서 다른 반도체와 서로 연결할 방법이 없기 때문에 그림 1.10과 같이 반도체를 조립한다.

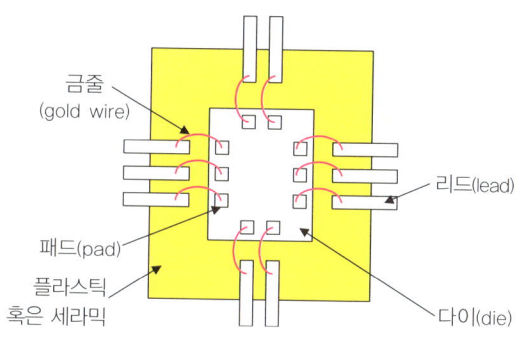

그림 1.10 반도체 조립

이런 과정을 반도체 조립이라 하는데 영어로는 어셈블리assembly, ASS'Y, 또는 패키징packaging이라 한다. 팹과 마찬가지로 어셈블리란

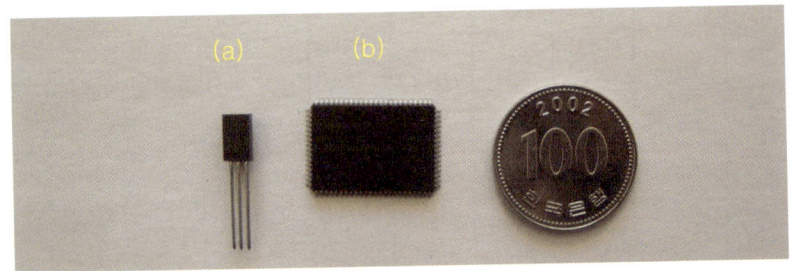

그림 1.11 조립이 완성된 반도체 칩: (a)는 트랜지스터, (b)는 반도체 IC 칩

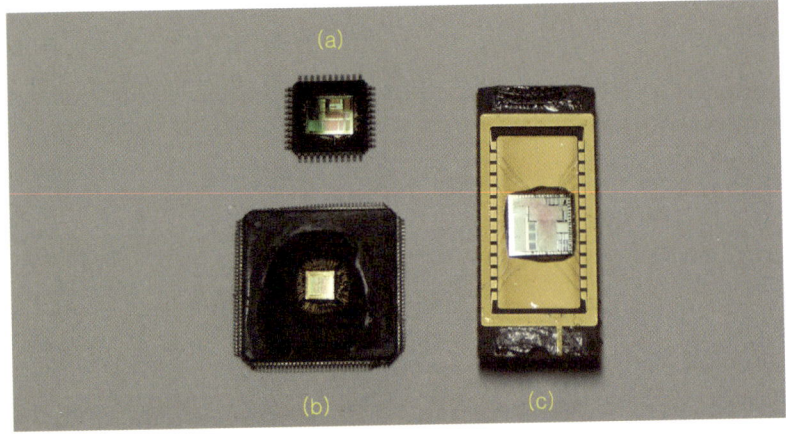

그림 1.12 반도체 칩 내부의 다이들: (a), (b)는 플라스틱 패키지 내부의 다이, (c)는 세라믹 패키지 내부의 다이

반도체 조립을 하는 과정을 말하기도 하지만, 반도체 조립 라인, 혹은 조립 라인을 보유한 회사를 지칭하기도 한다.

그림 1.10의 조립 과정을 거치고 나면 그림 1.11과 같은 반도체 칩이 완성된다. 실제로 눈으로 볼 수 있는 것은 반도체 회로가 들어 있는 실리콘 조각의 다이가 아니다. 우리가 보는 것은 그 다이를 포장하고 있는 플라스틱이나 세라믹 조각이다.

눈에 보이는 것이 다 진실은 아니듯이 실제 실리콘은 그냥은 볼 수 없고 겉에 포장된 플라스틱이나 세라믹을 벗겨 내야만 보인다. 그림 1.12은 반도체 칩 안에 실리콘 다이가 어떻게 들어 있는지 보여 주고 있다.

1.12 최종 테스트

자, 이제 조립도 끝나서 그림 1.11과 같은 반도체 칩을 생산했다. 그런데 그림 1.10에서 보듯이 반도체 조립 과정에서 금줄gold wire로 다이 내부의 패드pad와 리드lead를 연결하는 부분이 잘못될 수도 있지 않겠는가?

그것을 테스트하는 것을 최종 테스트final test, 또는 패키지 테스트package test라 한다. 웨이퍼 수준 테스트에서 사용했던 예 1.10.2와 같은 테스트 벡터를 사용한다. 이 과정을 통과하면 비로소 완성된 반도체 칩을 얻을 수 있다.

1.13 신뢰성 테스트

웨이퍼 수준의 테스트를 거치면서 설계자가 원하는 대로 웨이퍼가 가공된 것을 확인했고, 패키지 테스트를 통해서 반도체 조립이 원하는 대로 이루어진 것도 확인했다. 자, 그럼 이제 반도체를 파는 일만 남았을까?

그러면 좋겠지만 반도체를 제품으로 판매하기 위해서는 다른 모든 공산품들이 그렇듯이 품질 테스트를 거쳐야 한다. 반도체에서는 신뢰성 테스트reliability test라는 말을 사용한다.

예를 들어 반도체 칩을 다룰 때 사람 손이든 기계든 반도체 칩과 접촉하면 정전기가 발생한다. 어렸을 때 책받침으로 머리카락을 마찰시켜 곤두서게 만드는 장난을 해 본 경험들이 있을 것이다. 자동차 열쇠를 열쇠 구멍에 끼우다가 찌릿했던 기분 나쁜 경험들도 한두 번씩은 있다. 이런 현상들은 모두 정전기 때문에 일어나는데, 이때 발생하는 순간 전압이 물질에 따라 수백 볼트 또는 수천 볼트에 이른다.

반도체는 디자인 룰에 따라 다르지만 정상적인 상태에서 과거에는 5볼트에서 동작했고, 요즘은 1볼트에서 동작하게 되어 있다. 어쨌든 반도체 칩을 사용하려면 어떤 식으로든 반도체 칩과 접촉을 해야만 한다. 이럴 때 생기는 정전기를 반도체 칩이 견뎌 내는지 테스트하는 정전기 테스트ESD test, Electro Static Discharge test, 또 순간적으로 정격 전류가 아닌 과전류가 흘렀을 때 버티어 내는지 테스트하는 래치업 테스트latch up test, 그리고 이 반도체 칩이 과연 몇 년 동안 동작할 수 있는지를 테스트하는 수명 테스트aging test 등이 있다.

여기서 잠깐, 반도체 칩을 판매하기 전에 정전기 테스트와 과전류가 흐르는 래치업 테스트를 다 통과했다면 반도체 칩은 고장을 일으키지 않을 것이라 오해할 수도 있다. 하지만 여기서 반도체 칩이 버틸 수 있는 것은 순간 전압과 순간 전류다. 순간이라면 얼마만큼의 시간을 의미할까?

그 시간은 수십 내지 수백 나노초ns, nanosecond이다. 1나노초가 10억분의 1초이니 얼마나 짧은 시간인지 상상하기 어려울 것이다. 그럴 것을 무엇 때문에 시간과 돈을 들여서 테스트를 할까 의문을 가질 법하다. 칩 입장에서는 수십 내지 수백 나노초를 버틴다는 것은 아주 많은 시간을 버틴 것이다. 하루살이에게는 하루가 아주 긴 시간이지만 진짜로 하루살이의 수명이 하루인지는 모르겠지만 300년씩 사는 바다거북에겐 아주 짧은 시간인 것과 마찬가지다.

예 1.2.2에서 보여준 칩 내부에 사용된 전자 회로인 스텐다드 셀을 전기 신호가 지나가는 데 소요되는 시간은 수십 피코 초pico second, 1조분의 1초이다. 그러니 수백 나노초란 시간은 칩 내부의 스텐다드 셀 수천 개를 지나갈 시간이다. 게다가 정전기란 그렇게 순간적으로 일어나는 현상이어서 수십 내지 수백 나노초만 버텨 주면 된다.

아프리카에는 사람보다 훨씬 몸집이 큰 말馬도 감전사시키는 전기뱀장어가 산다. 그런데 왜 그 전기뱀장어로 전자 제품을 작동시키지 못하는가? 어렸을 적에 종종 듣던 퀴즈 문제인데, 답은 전기뱀장어가 발생시키는 전기는 바로 이런 정전기처럼 지속적으로 전류를 내보내지 못하고 순간적으로 흐르기 때문이다.

그렇다면 반도체 칩이 과전류를 순간적으로 버텨 내야 하는 까닭은 무엇일까? 전자 제품에는 아주 많은 반도체 칩들이 탑재되어 있다. 그 제품에 전원을 넣거나 전원을 끊는 순간에는 전압 자체가 안정적인 상태가 아니다. 따라서 그 순간에는 전류도 불안한 상태이다. 아직 전압이 안정되지 않은 그런 아주 짧은 순간 동안 반도체 칩에 과전류가 가해진다. 이때 반도체 칩이 자기 조건에 맞지 않는 전류라고 동작을 멈춰 버린다면? 시스템이 안정되기까지 그 정도 순간을 버텨 주는 것만으로도 반도체 칩의 참을성은 충분하다. 결론적으로 반도체는 반드시 정격 전압과 정격 전류에서만 사용해야 한다는 것이다.

반도체는 반영구적이라고 한다. 그걸 어떻게 알 수 있을까? 당연히 테스트 과정에서 증명된다. 반도체는 회사마다 신뢰성 기준이 다르기는 하지만 최소 한계가 10년이다. 물론 신뢰성 수준이 높은 회사의 반도체는 30~50년도 가능하다. 그러면 우리가 보는 반도체 칩들은 30~50년 전에 개발된 칩들이란 말인가? 칩을 개발해 놓고 30~50년 후에야 판매를 할 수 있다면 그 세월을 버틸 수 있는 회사가 전 세계에 과연 있을까? 30~50년을 매출 없이도 버틸 수 있는 회사가?

수명 테스트는 실제로 10년 동안 동작시키면서 테스트를 하는 것이 아니라, 빠른 시간 내에 10년 동작시킨 것처럼 환경을 만들어서 진행한다. 반도체의 경우 최대 정격 전압과 섭씨 125도 또는 영하 40도의 온도, 습기 80%의 환경 조건을 만들어서 1000시간 동안 테스트를 진행한다. 이것으로 정상적인 환경에서 10년 사용한 것과 비슷한 결과를 얻을 수 있다.

이런 테스트에 대해 의구심을 가질 수도 있지만 이 분야 최고의 전문가들이 모여서 그런 모델을 개발했고, 전 세계 모든 사람들이 인정한 것이다. 그것을 반박할 이론도, 실험 데이터도 가지고 있지 못한 필자는 그저 믿고 따를 뿐이다.

전자電子, electron의 존재를 믿는가? 그렇다면 당신은 전자를 보았는가? 그도 아니라면 혹시 전자를 보았다는 사람을 주위에서 본 적이 있는가? 때로는 그냥 전문가의 말을 믿는 것이 속 편할 때도 많다.

1000시간이면 하루가 24시간이니 준비하는 시간을 빼고도 약 42일쯤 된다. 그러면 10년 수명 테스트를 통과한 반도체 칩의 수명은 얼마나 될까?

그건 아무도 모른다. 11년이 될 수도, 100년이 될 수도 있다. 테스트에 통과했다는 것은 10년에 해당하는 테스트를 하고 테스트를 더 이상 진행시키지 않았기 때문에 얼마나 갈지는 모르지만 최소한 10년은 동작을 보장한다는 의미다. 요즘 젊은 사람들은 반 년에 한 번씩 휴대폰을 바꾼다는데 굳이 이런 테스트에 두 달의 시간을 투여할 필요가 있을까 하는 생각을 해 본 적도 있다.

여기서 한번 따져 보자. 제조하는 데 석 달, 조립하는 데 2~3주, 테스트 하는 데 약 한 달, 수명 테스트에 또 두 달……. 이래저래 성질 급한 사람은 반도체 사업을 하다가는 제 수명대로 못 살 것이다.

그러면 설계하는 데는 또 시간이 얼마나 걸릴까? 당연히 칩이 얼마나 복잡한가에 따라, 그리고 개발 인력에 따라 다르지만 과거의 데이터 없이 완전히 새로운 칩을 하나 설계하는 데는 보통 일 년쯤 걸린다. 보통의 인내력을 갖고는 반도체를 설계해서 판매하는 사업을 하는 것은 엄두도 못 낼 듯하다.

1.14 판매

반도체 칩은 메모리나 아주 많이 사용되는 범용 칩이 아닌 한 대체로 주문 생산이다. 독자들 중에도 칩을 구매해 본 사람들은 구입 요청을 3~4개월 전에 미리 해 달라는 요청을 받은 경험이 있을 것이다.

그것은 앞에서 살펴보았듯이 이미 개발된 반도체를 생산하는 데 3~4개월이 소요되기 때문이며, 메모리와 같이 많이 사용되는 반도체 칩이 아닌 이상 미리 재고를 가지고 있지 않기 때문이다. 이유는 다르지만 사실 메모리처럼 많이 사용되는 칩들도 선물로 거래되기 때문에 신문 지상에 메모리 선물 가격이 어떻고 현물 가격은 어떻다라는 식으로 보도된다.

그리고 반도체 시장은 대체로 공급자 시장이다. 다만 메모리와 같이 기능이 정해진 칩은 서로 다른 회사의 칩으로 완전 교체핀 투 핀 호환성pin to pin compatible이라고 하는데 핀의 위치까지 동일하여 어떤 칩을 떼어 내고 다른 회사 칩을 그대로 꽂아도 됨가 가능하기 때문에 생산량에 따라 종종 수요자 시장이 되기도 한다.

하지만 완전히 꼭 같은 기능의 칩이 없는 시스템 IC들은 거의 언제나 공급자 시장이다. 즉, 가격을 공급자가 결정한다는 의미이다. 물론 어느 정도 대체할 수 있는 칩이 있어서 절대적인 공급자 시장은 아니지만 대체로 그렇다는 말이다. 수많은 회사들이 바로 이 매력에 이끌려 1~2년씩 지루하고사실 지루하진 않다. 설계 기간 1년 내내 시간에 쫓기니까 긴 시간을 하얗게 밤을 지새우며 반도체 칩 개발에 몰두하는 것이다.

좀 더 이해하기

"반도체 제대로 이해하기", 강구창, 지성사, 2005. 10 중에서

1 SoC(System on Chip)

대단히 많은 수백만 또는 수천만 개의 트랜지스터를 집적시킨 반도체 칩이라는 의미인데, 여기서는 메모리 반도체와 반대되는 개념인 시스템 IC 라고 생각해도 무방하다.

"11. 여러 가지 설계 방식", pp 205-219

2 비트(bit)

전자 공학에서 저장이나 통신의 최소 정보 단위. 2진법의 한자리 수에 해당.

"4. 접두사만의 대화", pp 41-47.

"13. 조선시대의 디지털 통신", pp 239-247

3 클록(clock)

주기(period)가 일정한 기준되는 신호. 주기의 역수인 주파수(frequency)로 주로 나타냄. 예) CPU 속도 : 1.2 GHz

4 네트리스트(netlist)

회로의 연결 상태를 그림이 아닌 문자로 나타내는 형식.

예) 게이트 수준 네트리스트, 트랜지스터 수준 네트리스트

"9. 논리의 설계", pp 151-193

5 스텐다드 셀(standard cell)

가장 기본이 되고 반복적으로 사용되는 간단한 전자 회로.

"11. 여러 가지 설계 방식", pp 205-219

좀 더 이해하기

6 셀 라이브러리(cell library)

스텐다드 셀들의 집합, 스텐다드 셀 라이브러리의 줄인 말.

7 레이아웃(layout)

"10. 레이아웃과 검증", pp 194-204

8 디자인 룰(design rule)

레이아웃 시 지켜야 할 간격이나 폭 같은 규칙들.

"10. 레이아웃과 검증", pp 194-204

9 DRC(Design Rule Check)

"10. 레이아웃과 검증", pp 194-204

10 ERC(Electrical Rule Check)

"10. 레이아웃과 검증", pp 194-204

11 LVS(Layout vs Schematic)

"10. 레이아웃과 검증", pp 194-204

12 저항(resistor)

"8. 저수지, 펌프 그리고 밸브", pp 129-147

13 캐패시터(capacitor)

"8. 저수지, 펌프 그리고 밸브", pp 129-147

14 기생 소자 추출(extraction)

"10. 레이아웃과 검증", pp 194-204

15 마스크(mask)

"7. 반도체는 판화다", pp 88-128

좀 더 이해하기

16 레티클(reticle)

"7. 반도체는 판화다", pp 88-128

17 반도체 제조 과정

"7. 반도체는 판화다", pp 88-128

쉬어가는 글

우리는 모든 분야에서 전문가일 수는 없다. 그래서 대부분의 경우 해당 분야 전문가의 의견을 듣고 신뢰하게 된다. 그러나 전문가의 의견이 언제나 옳지는 않다. 다음 몇 가지 예를 들어 보겠다.

30년 전쯤인 1970년대에 지구학자 내지 환경학자들은 지구의 빙하기를 예고했었다. 그 주요 원인으로 꼽힌 것이 이산화탄소CO_2였다. 논리는 이러했다. 인류가 화석 연료를 과다하게 사용함으로써 지구 대기에 이산화탄소가 쌓여 태양열을 차단하고 지구가 방출하는 복사열은 그대로 유지된다. 결국 지구로 들어오는 열은 줄어들고 지구에서 나가는 열은 그대로 방출되면서 지구 기온이 내려가 빙하기가 도래한다는 것이다.

지금은 어떠한가? 30년 전에 전문가들이 빙하기를 우려했던 바로 그 이산화탄소가 이제는 지구 온난화의 주범으로 꼽히고 있다. 지구를 위협하는 범인은 같은데 논리가 바뀌었다. 화석 연료의 사용으로 이산화탄소가 지구 대기에 쌓이는 것까지는 같다. 하지만 이제는 지구로 들어오는 태양열은 그대로인 채 지구 밖으로 나가야 할 복사열마저 이산화탄소 층에 반사되어 지구로 되돌아오고 있으며, 이로 인해 지구는 온난화를 겪고 있다.

1990년대 초 우리나라 경제학자들과 언론은 모 그룹의 경영 방침에 대해 대대적으로 동조하고 칭찬을 아끼지 않았다. 게다가 당시 그 그룹의 총수가 펴낸 자서전은 몇 년간 베스트셀러 반열에 올라 있었다. 논리는 이러했다. 기업가가 일일이 직접 회사를 세우는 방식으로는 적은 자본으로 큰 자본 레버리지financial leverage효과를 볼 수 없다. 그보다는 부채를 끌어

쉬어가는 글

들여서라도 타회사를 인수·합병하여 사업을 키우는 방법이 진정 기업가다운 발상이며, 이를 모두 배워야 한다고 했다.

그런데 1997년 외환 위기를 맞자 우리나라에서 다섯 손가락 안에 들던 그 그룹은 위기를 견디지 못하고 공중분해됐다. 그 베스트셀러의 작가, 즉 그룹의 총수는 몇 년간 해외를 전전하며 욕을 먹어야만 했다. 그때 전문가들은 그 그룹의 패망 원인으로 과다한 부채 비율을 들었다. 레버리지 효과를 크게 하기 위해 부채를 끌어들인 것을 칭찬하던 그들이 이제 그 부채를 패인으로 꼽은 것이다.

또 하나, 1990년 중반까지도 국내 경제학자들과 언론은 국내 모 자동차 회사를 재벌의 본보기로 삼고 칭송했다. 그 회사는 지분이 고르게 분포되고 뚜렷한 대주주가 없어 다른 재벌처럼 총수의 독재(?) 경영이 이루어지지 않는 진정한 국민 기업이라고 했다. 이는 다른 기업도 본받아야 할 모범적인 재벌의 모습이라며 입에 침이 마르게 칭찬했다. 그러나 이 회사 역시 외환 위기를 극복하지 못하고 다른 회사에 합병되었다. 그때 전문가들은 이렇게 평했다. 그 회사는 주인 없는 기업이라 위기를 헤쳐 나갈 의지도 없었고, 책임감을 갖고 회사를 이끌어 갈 인물도 없었다고. 진정한 국민 기업이 무너진 요인은 결국 그들이 그렇게 칭송했던 한 개인에 집중되지 않은 고른 지분률 때문이었다.

누군가 역사학자들이 가장 잘 하는 것이 과거를 예측하는 것이라 했다. 그런데 위의 예들을 보면 그 말은 단지 역사학자들에게만 국한되는 것은 아닌 것 같다.

CHAPTER 2

∶ 반도체 사업의 형태

이제까지 지루하게 반도체의 기술적인 면을 소개해 왔다. 이 책의 독자들은 이제부터 시작될 반도체 사업의 형태business model와 3장에서 소개할 반도체 회사의 종류에 대한 관심 때문에 이 책을 구입했을 것이다. 이제부터 반도체 비즈니스에 대해 살펴보자. 그러다 보면 왜 1장에서 지루하게 기술적인 설명을 했는지 이해할 것이다.

2.1 반도체 팹 사업

팹FAB, Fabrication 사업은 그림 1.1에서 9번 반도체 제조를 하는 사업이다. 팹 사업이라는 용어는 종종 뒤에 설명할 반도체 조립 사업과 구분하기 위하여 사용되기도 한다. 팹 사업은 다른 말로는 '웨이퍼 가공 사업' 이라고 한다.

1.9절의 설명처럼 그림 1.7의 베어 웨이퍼를 원료로 수십 가지 가

스와 화학 물질을 이용하여 전자 회로가 심어진 그림 1.8의 가공된 웨이퍼를 만드는 사업이다. 마치 공CD에 동영상이나 음악과 같은 콘텐츠를 심는 것이라고나 할까? 공CD 자체는 몇 백 원에 불과하지만, 그 CD에 어떤 콘텐츠를 담느냐에 따라 가치가 달라진다.

반도체 사업 중에서 이 팹 사업에 가장 많은 자본이 든다. 팹 하나를 만드려면 적게는 수조 원에서 많게는 수십 조 원이 소요된다. 이 사업에서 공장을 짓기 위한 부지 비용과 건설 비용은 제조에 필요한 장비들의 구입 비용에 견주어 보면 새 발의 피다.

일단 수백만 달러씩 하는 장비들을 수십 대씩 구입해야 한다. 더구나 날로 발전하는 기술 때문에 그 비싼 장비를 몇 년밖에 사용하지 못한다. 장비 수명 때문이 아니라 기술 시장의 변화로 더 이상 사용할 수 없는 것이다.

예를 들어 0.13um um: micrometer, 1000분의 1밀리미터[1] 디자인 룰에 맞는 장비들은 90nm nm: nanometer, 100만분의 1밀리미터 디자인 룰에 맞는 제조를 할 수 없다. 따라서 디자인 룰이 작아질수록 그에 맞는 장비들로 교체해야 팹 사업을 지속할 수 있다. 설계 측면에서 디자인 룰 design rule이라는 용어를 사용하는데 공정 측면에서는 테크놀로지 technology라는 용어를 사용한다.

따라서 90nm 디자인 룰은 공정 측면에서는 90nm 테크놀로지와 비슷한 말이다. 보다 자세히 들어가면 같은 90nm 디자인 룰이라도 DRAM용 90nm 테크놀로지, 시스템 IC용 90nm 테크놀로지 등으로 구분된다. 하지만 여기에서는 언론에 발표되는 수준 정도에서 용어를 인식해도 무방하다.

2.2 세컨드 소스 사업

세컨드 소스 사업second source business은 팹 사업의 일종으로 뒤에 설명할 파운드리 사업, COT 사업의 출현으로 요즘은 거의 사라졌지만, 1980년대 후반까지만 해도 우리나라에서 흔했던 사업 모델이다.

이는 A회사가 자신들의 설계와 공정 기술을 B회사의 팹에 심어주어 B라는 회사가 A라는 회사의 제품과 똑같은 제품을 생산하게 해주는 것이다. 이때 B회사가 하는 사업 모델이 바로 세컨드 소스 사업이다.

B회사는 A회사에서 전수 받은 설계와 생산 기술로 A회사와 같은 제품을 만들어서 A회사와 무관하게 그 제품을 판매한다. A회사는 B회사로부터 기술 이전료license fee와 로열티royalty만 받고 동일한 제품으로 시장에서 경쟁하며 판매한다.

그런데 왜 A회사는 B회사에 기술을 이전하여 시장에서 경쟁자를 키우는 것일까?

A회사가 도덕적으로 아주 선량하고 인류애를 발휘하는 넓은 도량을 가져서가 아니다. 여기에는 여러 가지 이유가 있지만 주된 이유는 반도체 칩의 소비자, 즉 시스템 업체가 그것을 요구하기 때문이다. 시스템 업체 측에서는 자기네 시스템세트에 수십, 수백 가지의 반도체

가 탑재되는데 그 중 한 가지 반도체 칩이라도 없으면 제품을 제조할 수가 없다.

예를 들어 10만 달러짜리 시스템을 제조하는 회사에서 A라는 반도체 회사의 1달러짜리 칩을 구매하기로 계약했다. 그런데 A회사에 지진이나 홍수와 같은 자연재해, 또는 파산이나 파업, 화재와 같은 인재가 발생해 그 1달러짜리 칩을 제때 공급받지 못하면 10만 달러짜리 자기네 제품을 생산하지 못할 수도 있다. 그런 연유로 반도체 칩을 구매하는 시스템 업체 측에서는 자신들이 사용할 반도체 칩을 그 회사 외에 다른 회사에서도 공급받을 수 있도록 그 칩을 다른 곳에서 생산할 세컨드 소스를 갖출 것을 반도체 회사에 요구했다. 즉, A회사가 시스템 업체에 자신들의 칩을 판매하기 위해서는 어쩔 수 없이 세컨드 소스를 만들어야만 했다.

현재 우리의 메모리 반도체 기술은 세계 최정상급이다. 그러나 1980년대 후반까지만 해도 삼성전자, LG반도체, 하이닉스당시 현대전자와 같은 대기업들이 모두 미국이나 일본 회사와 이와 같은 기술 제휴를 맺어 메모리 반도체를 생산했다. 그래서 어떤 나라에 지진이 발생하면 우리나라 반도체 회사 주식값이 올라가는 현상이 종종 나타나는 것이다.

그런데 이 사업은 파운드리 사업, COT 사업이 생겨나고, 전자제품의 사양이 급속도로 변화함에 따라 이제 우리나라에서는 찾아보기 힘들다. 반도체 회사에 세컨드 소스를 요구하는 시스템 회사도 더 이상 없다. 이는 전자 제품의 라이프 싸이클life cycle, 한 제품이 시장에 나와서 사라지는 기간이 짧아진 데서 연유한다.

2.3 반도체 조립 사업

팹이 진행된 후 전자 회로가 심어진 가공된 웨이퍼를 원재료로 하여 그림 1.8에 나타난 스크라이브 라인scribe line에 따라 다이die를 다이아몬드 톱으로 잘라낸다sawing. 그리고 그림 1.10과 같이 리드와 패드를 금줄로 본딩bonding한다. 그 위에 플라스틱으로 덮어씌워 습기와 기계적 충격으로부터 보호하는 공정이 몰딩molding이다. 이처럼 그림 1.1의 11번에 해당하는 공정을 수행하는 것이 반도체 조립 사업이다. 물론 겉의 물질은 플라스틱이나 세라믹이 될 수도 있다.

그리고 그 패키지 형태에 따라 핀이 양쪽 옆으로 나란히 나오는 DIP 타입, 핀이 사방으로 퍼져 나오는 QFP 타입, 핀이 아니라 작은 구슬 모양의 볼들이 옆면이 아니라 밑면으로 나오는 BGA 타입 등 여러 가지가 있다.

그림 1.12에서 (a)와 (b)는 패키지 타입으로는 QFP이고 패키지 물질로는 플라스틱이다. (c)는 패키지 타입은 DIP, 물질은 세라믹이다. BGA타입은 그림 1.12와 같이 위에서 보면 핀을 볼 수 없고, 들어서 밑면을 보아야 작은 구슬 같은 모양을 볼 수 있다100쪽의 그림 3.4 참조. 우리나라에서는 이 반도체 조립 사업이 팹 사업보다 앞서 이미 1960년대에 시작되었다.

2.4 ASIC 사업

이 사업은 1990년대 중반까지만 해도 뒤에 설명할 디자인 센터 또는 디자인 하우스의 주된 사업 영역이었는데 요즘은 거의 사라진 사업 모델이다.

ASIC 사업Application Specific Integrated Circuit Business이란 우리말로는 '주문형 반도체 사업'이라고 하는데, 이 사업으로 인해 만들어진 칩을 ASIC 칩, 우리말로는 주문형 반도체라고 한다. 그런데 요즘은 시스템 IC를 ASIC 칩이라고 하는 사람들이 많다.

어차피 언어는 사회성을 가지고 있다. 틀린 말이라도 많은 사람들이 그렇게 쓰면 의미가 그렇게 변하는 것이다. 어의 전성이란 말이 있지 않은가? 이전 책에서도 예를 들었지만 '어여쁘다'라는 말이 옛날에는 '가엾다'라는 뜻이었는데, 요즘은 '예쁘다'라는 의미로 쓰이지 않는가? 그래도 틀린 것은 틀린 것이다. 차차 설명하겠다.

ASIC 사업이란 시스템 회사에서 범용 반도체 칩이 아닌 자기들만이 필요한 반도체 칩의 설계 및 제조를 디자인 센터 또는 디자인 하우스에 의뢰하여 반도체 칩을 개발하는 사업이다. 따라서 시스템 회사에서 자신들이 필요로 하는 칩의 기능과 성능을 자세히 정리해서 디자인 하우스에 칩 설계를 의뢰한다. 디자인 하우스는 자신들과 계약을 맺고 있는 팹에 제조를 의뢰하여 칩을 개발하는 사업 모델이다. 그 설계 방식에 따라 게이트 어레이Gate Array[2], 씨 오브 게이트Sea of Gate, SOG[3], 그리고 스텐다드 셀Standard cell[4] 방식이 있었다.

이 사업 모델이 필요했던 이유는 먼저 팹 측에서는 웬만한 물량의 반도체가 아닌 한 군이 1~2년씩 투자하여 자신들이 개발할 필요성을 느끼지 못하지만 자신들 팹의 남는 용량으로 남이 설계한 칩을 개발하면 그만큼 팹의 가동률을 높일 수 있다는 이점이 있기 때문이다.

한편 시스템 업체 측에서는 자신들은 필요한데 반도체 회사에서 물량이 적다고 개발을 해 주지 않는 반도체 칩을 공급받을 수 있다. 게다가 자신들만의 독자적인 칩을 개발하여 자신들의 시스템에 탑재함으로써 다른 경쟁 시스템 업체의 모방을 방지할 수 있는 이점이 있다.

디자인 센터 혹은 디자인 하우스는 반도체에 대한 지식은 있지만 어떤 칩을 개발할지에 대한 목표뒤에 언급할 노우 왓의 문제이다가 없다. 그러나 자신들의 반도체에 대한 지식으로 시스템 업체가 필요로 하는 칩을 개발해 주면 이미 수요가 정해진 칩을 설계함으로써 시장에 대한 위험 요인market risk 없이 수익을 올릴 수 있다. 1980년대 후반이나 1990년대 초반까지만 해도 1.3절에서 설명한 합성 툴이 없었다. 팹마다 설계 툴을 일반화된 상용 툴이 아닌 자신들만의 툴in house tool을 사용했다.

시스템 업체 입장에서는 반도체에 대한 지식 유무를 떠나 그 고유 툴을 제공받지 않고서는 원하는 반도체 칩을 개발할 수 없었다. 반도체 칩을 개발하기 위해서는 그 고유 툴을 보유하고 있는 디자인 센터나 디자인 하우스에 개발을 의뢰해야 했었다.

그런데 1990년대 중반에 들어서서, 기술적으로는 0.5um 테크놀로지가 일반화되면서 1.8절에서 설명한 마스크 제작비가 높아졌다. 반도체 칩 내부에 트랜지스터 집적도가 높아져서 제조 공정이 복잡해짐에 따라 게이트 어레이 방식이나 SOG 방식의 이점이 사라져 버렸다.

게다가 1980년대 후반부터 파운드리 비즈니스와 COT 비즈니스가 새로 출현하고 일반화된 반도체 설계 툴들이 쓸만하게(?) 발전했다. 이로써 대부분의 팹들이 자신들 고유 툴 대신 일반화된 상용 설계 툴들을 채택하였다.

무엇보다 합성 툴의 성능이 좋아져서 굳이 반도체에 대한 깊은 지식이 없어도 시스템 업체에서 설계 툴들을 구입하면 자신들이 직접 반도체 칩을 설계할 수 있게 되었던 것이다. 이로 인해 ASIC 사업의 영역이 급격히 축소되었고 지금은 거의 사라졌다.

2.5 COT 사업

COT 사업Customer Owned Tooling Business이란 언뜻 보면 고객이 팹의 공정을 직접 관여하는 듯이 보인다. 하지만 사실은 팹 회사가 자신들의 팹에서 제조되는 트랜지스터의 특성, 기생 소자들의 특성, 그리고 디자인 룰 등 팹 정보device parameter, process electrical parameter, rule deck 등인데 여기서는 편의상 통칭해서 팹 정보라 하겠다를 고객에게 공개하는 것이다. 이를 통해 고객이 마치 자신들의 팹인 양 자유롭게 사용하게 하는 사업 모델로 1980년대 후반부터 출현하기 시작했다.

그 이전에 팹 회사들은 경쟁 회사를 의식하여 위에서 언급한 팹 정보들을 비밀에 부치고 극히 일부만을 자신들의 디자인 센터와 디자인 하우스에 공개했다.

그러나 이 사업의 출현으로 그런 금기 사항이 깨졌다. 대만의 TSMC 회사는 세계 최초로 이런 비즈니스 모델을 개발하여 지금은 파운드리 비즈니스로까지 발전한 사례이다.

그 이전까지 반도체 회사가 아니고서는 반도체 설계를 위해서 제공받는 정보는 그림 1.1에서 보이는 셀 라이브러리와 뒤에 설명할 IP Intellectual Property가 전부였는데, 그것도 셀들의 기능과 동작 속도에 국한되었다. 1.5절에서 설명한 레이아웃을 수행하거나 검증할 수 있는 디자인 룰도 공개하지 않아서 계약된 디자인 하우스조차도 단지 1.4절에서 설명한 게이트 수준 시뮬레이션밖에 수행할 수 없었다.

물론 디자인 센터에서는 레이아웃 검증도 수행하기는 했지만 트랜지스터 수준에서 직접 무언가를 설계할 만큼의 정보를 팹으로부터 제공받지 못했다. 즉, 팹 회사에서 제공한 것보다 더 좋은 성능의 셀 라이브러리를 개발할 능력이 있더라도 팹에서 제공한 그보다 못한 셀 라이브러리로만 울며 겨자 먹기로 개발을 해야 했다. 이런 고객들의 불만을 해결해 준 것이 바로 COT 비즈니스다.

이 사업이 발생하게 된 동기는 물론 TSMC가 이런 비즈니스 모델을 개발했기 때문이다. 그렇다면 기존의 다른 회사들을 제치고 왜 하필 TSMC가 이런 사업 모델을 개발했던 것일까?

모리스 창Morris Chang이 1987년 대만에 TSMCTaiwan Semiconductor Manufacturing Company를 설립하기 전까지 세계 반도체 회사들은 모두 뒤에서 설명할 IDMIntegrated Device Manufacturer, 곧 종합 반도체 회사들이었다. 물론 이 회사들 중에는 1980년대 우리나라 기업처럼 세컨드 소스 사업을 위주로 하는 기업들도 있었다. 그러나 대부분의 기업은 자신들의 제품을 자신들의 팹에서 가공했다. 자체 개발을 했던, 기술 이전을 받았던 자신들의 제품기술 이전을 받은 것도 자신들의 제품이므로은 자신들의 팹에서 가공했다. 그리고 팹을 건설하는 데 막대한 자본이 소요되었으므로 팹 시장은 공급자 시장이었다. 다시 말해 팹이 세계적으로 적었다.

그런데 TSMC가 당시로는 대규모지금도 TSMC의 반도체 생산량은 세계 반도체 생산 용량의 상당 부분을 차지한다의 팹을 건설했다. 그러면서 자신들은 자체 칩을 설계하지 않겠다고 선언했다. 팹을 필요로 하는 모든 고객들에게 자신의 팹을 사용하도록 팹의 기술적 정보를 고객들에게 공개한 것이다.

그 당시에는 반도체 분야의 거의 모든 사람들이 TSMC의 비즈니스 모델이 실패할 것이라고 생각했다. 필자 역시 그들 중의 한 명이었다. 설계 인력도 없는 회사가 생산 라인만 대규모로 지어 놓고 남들더러 와서 생산 용량을 채우라니 가당치 않았다. 지금은 세계적으로 가장 영향력이 있는 CNN 방송이지만 1980년 터너가 설립할 당시 세계 최초로 뉴스만을 방송하겠다는 선언에 미디어 관련자들은 CNNCable

News Network을 닭고기 국숫집Chicken Noodle Network이라고 비웃었던 것과 같다.

그렇지만 결과적으로 이 비즈니스 모델은 성공했고 지금은 종합 반도체 회사들조차도 이런 사업을 운영하고 있다. 또한 이 비즈니스 모델은 뒤에 설명할 IP 비즈니스 시장을 엄청나게 성장시켰다.

진실 여부를 떠나 필자가 돌이켜 유추해 보면, TSMC는 '팹 시장'의 수요를 만족시킴과 동시에 '칩 시장'의 위험으로부터 벗어나고자 했던 것 같다. 팹은 건설하지만 칩 설계를 하지 않았던 이유도 여기에 있다고 생각한다.

찬찬히 설명을 하자면, 팹이 부족했던 당시로서는 아주 단순하게 팹을 더 지으면 '팹 수요'를 충족시킬 수 있었다. 단지 자본이 많이 들어갈 뿐이다. 자본을 끌어당기는 일이 쉽다는 뜻이 아니고 그만큼 해결 방법이 간단하다는 얘기이다.

'칩 시장'의 위험을 회피하려 했다는 점은 설명이 좀 길어질 듯 한데, 차근차근 들어가 보자. '노우 하우know how'라는 말을 독자들은 잘 알고 있을 것이다. 즉, '어떻게' 다. '어떻게 만들 것인가?', '어떻게 값싸게 만들 것인가?'를 고민하는 것이다.

1970년대만 해도 우리나라에는 모든 물자가 부족했다. 그렇게 모든 물자가 부족한 시절에는 아무것이나 만들어도 다 잘 팔린다. 따라서 눈에 띄는 아무것이나 붙잡고 그것을 어떻게 만들까 하는 고민만 하면 된다. 욕심을 더 내서 어떻게 더 값싸게 만들지를 알아내면 남들보다 더 크게 성공할 수 있다. 이 단계의 후반에서는 '누가 얼마나 더 잘 만드는가'가 승패를 가른다. 이런 단계에서는 치밀한 민족성을 가진 일본이 유리해 보인다. 실제로 일본은 미국에서 발명한 트랜지스터를 라디오에 응용하여 만든 트랜지스터 라디오로 1970년대에 세계를 제패했다. 1980년대에는 DRAM의 종주국인 미국을 DRAM 시장에서 쫓아냈다. 즉, 기술이 중요하다. 그래서 기술이 점차 축적되면 나중에는 피차 더 이상 기술적으로는 차이가 나지 않는 기술의 포화 상태에 이른다. 손목시계를 예로 들어보자. 요즘은 시간이 틀린 손목시계를 차고 다니는 사람들이 별로 없지만 1970년대까지만 해도 값싼 시계는 매일 라디오당시에는 TV도 귀했으니까 방송에서 나오는 시보를 들으며 시각을 맞추어야 했다. 당시 필자의 시계는 매일 5분 정도씩 늦곤 했다. 요즘은 어떤가? 몇 백만 원짜리 명품 시계나 몇 만 원짜리 패션 시계나 시간은 다 잘 맞는다. 시간을 맞춘다는 점에서는 기술적으로 큰 차이가 없다.

그 다음 단계가 '노우 웨어know where' 단계이다. '노우 웨어' 단계에서는 '노우 하우' 단계에서 내가 필요로 하는 것을 이미 누군가 만들어 놓았거나 가지고 있을 거라 전제한다. 그러므로 내가 직접 만들지 않고 그것이 어디에 있는지, 누가 가지고 있는지를 아는 것이 중요한 단계이다. 이미 '노우 하우' 단계에서 기술적인 포화 상태이므로 내가 직접 만드나 남이 만드나 기술적으로는 차이가 없다. 때문에 굳이 시간 들여가며 내가 만들지 않더라도 밖에서 구해 와서 빨리 만들어 내면 되는 단계이다.

이 단계에서는 '누가 더 잘 만드느냐'가 아니라 '누가 먼저 시장에 제품을 내놓느냐'가 승패를 좌우한다 '빨리 빨리'에 익숙한 우리나라에 유리한 단계로 보인다. 실제로 근래에 우리나라가 세계 최강의 IT 강국이 된 것은 이 '빨리 빨리'의 습성이 영향을 주었음을 부정할 수 없다. 인터넷의 속도를 보더라도 우리는 이미 100Mbps에 익숙해져 있는데 미국이나 유럽은 아직도 10Mbps 정도에 머무르고 있다. 이때는 기술보다는 인맥이든 정보든 네트워크network가 중요시되는 단계이다. 어디 있는지, 누가 가지고 있는지 알아야 하기 때문이다.

자, 이제 물자도 풍부해졌고 기술의 차이도 없어졌다. 사람들은 자기에게 필요한 것들을 다 갖추고 있다고 생각한다. 이 시점이 '노우 왓know what'의 단계이다.

이제는 '무엇을 만들까'가 승패를 좌우한다. 필요한 것들을 다 가졌다고 생각하는 사람들에게 도대체 무엇을 만들어 팔아야 그들이 구매할 것인가를 고민하는 단계이다.

요즘 냉장고든 휴대폰이든 제품 성능만을 따지고 구매하는 사람을 보았는가? A사 제품이나 B사 제품이나 성능상에 차이도 없다. 사실 차이가 있더라도 소비자가 느끼지 못할 만큼 미미하다. 그러니까 요즘은 사람들이 '예쁜 것', '마음에 드는 것'을 구매한다. 즉, 디자인을 보고 구매한다. 반도체장이들의 고민은 바로 여기에 있다.

반도체는 누가 만들든 그림 1.11과 그림 1.12에서 보았듯이 시커먼 사각형이다. 더구나 제품 속에 탑재되어 최종 소비자end customer의 눈에 띄지도 않는다. 오죽하면 필자의 지인 중에 한 명이,

"강 실장님, 반도체를 별 모양이나 하트 모양으로 만들고 색깔도 빨갛고, 파랗고, 울긋불긋하게 만들면 잘 팔리지 않을까요? 계절에 따라 색깔이 변하면 더 좋고……."

라는 말까지 했다.

그 당시 필자가 다니던 회사의 매출이 오르지 않아 답답한 마음에 같이 술 한잔하면서 나눈 대화다. 정말 그러려나? 요즘 내부가 훤히 보이는 누드 제품도 나오는데, 속이 보인다면 시커먼 반도체보다야 예쁜 색깔의 반도체로 보이는 것이 구매 욕구를 자극할지도 모를 일이다.

각설하고, 이 '노우 왓'의 단계에서는 기술력이나 네트워크가 아닌 창의력이 승패를 가름한다. 만들 줄도 알고 필요한 것들이 어디에 있는지도 아는데 대체 무엇을 만들어야 할지 모르는 것이다. 그것을 찾아내는 사람이 승자가 된다.

TSMC가 설립되었을 때 '칩 시장'은 이미 '노우 왓'의 단계에 들어서 있었다. TSMC는 그 '노우 왓'에 대한 결정의 부담감과 위험을 회피하고 싶어서 애초에 자체 설계를 시도조차 하지 않았다. 확실하게 눈에 보이는 '팹 시장'의 수요만 충족시키려 했던 것이 아닐까? 이것은 순전히 필자 개인의 생각이다.

어쨌든 필자의 생각에 이 COT 비즈니스는 반도체 사업에 있어서 '혁명적인 사건'으로, 후에 IP 사업을 크게 촉진시키고, 팹리스 회사들의 출현을 가능하게 했다고 본다.

2.6 파운드리 사업

파운드리 사업Foundry Business이라는 말을 신문에서 본 적이 있는 독자들도 있을 것이다. 그리고 그런 독자들은 앞에서 TSMC가 COT 사업의 창시자사실 TSMC가 COT 사업의 창시자는 아니다. 그보다 먼저 MOSIS라는 회사가 시작했지만 널리 퍼뜨리지 못해서 일반적으로 TSMC를 COT 사업의 효시로 본다라는 말에 좀 의아해 했을 것이다.

'신문에서는 TSMC를 파운드리 회사라고 하던데 이 사람은 왜 들어 보지도 못한 COT 사업을 TSMC와 연관을 짓는 것일까? 이력을 보니 박사도 아닌데 혹시 이 사람 돌팔이 아냐?' 라고 생각한 독자들은 그래도 이전에 반도체 사업에 조금이라도 관심을 갖고 있던 사람임에 틀림없다.

결론부터 얘기하면 파운드리 사업이란 반도체 제조 라인, 즉 팹을 소유하고 있으면서 자신은 설계를 하지 않고 남들이 설계한 반도체를 제조만 해 주는 사업이다. 우리말로는 위탁 제조업이라고 한다. 그림 1.1에서 9번 반도체 제조만 담당하며, 고객이 원하면 10번 웨이퍼 수준 테스트까지도 해준다.

그러면 COT 사업과 무엇이 다른가? COT 사업에서는 트랜지스터의 전기적 특성이나 기생 소자들의 특성, 그리고 디자인 룰과 같은 팹의 정보를 주는 대신 파운드리 사업에서는 그림 1.1의 셀 라이브러리와 IP 등을 고객에게 제공해 준다. 그럼 ASIC 사업 모델로 회귀했단 말인가? 그렇다. "그렇다고? 아까는 TSMC의 COT 비즈니스 모델이 결과적으로 성공했다고 하지 않았는가? 그래서 다른 회사들도 따라 했다고?" 이렇게 따지고 들지도 모르겠지만 경제는 정반합의 연속이라고 누군가 말하지 않았던가. TSMC가 COT 비즈니스 모델을 개발하여 세상에 내놓자 그때까지 ASIC 비즈니스에서 팹에 구속되었던 시스템 업체들이 대대적으로 환영했다 필자를 포함한 대부분의 반도체 관련자들은 미심쩍은 눈초리로 쳐다보았지만. TSMC가 팹이라는 독재자에게서 자신들을 해방시켜 준 것이다.

그런데 모든 자유에는 책임이 뒤따르는 법이다. ASIC 사업에서는 팹이 제공한 셀 라이브러리와 IP만 가지고 칩을 설계해야 했던 시스템 업체들이 그 구속에서 벗어나고 싶어했다. 그리고 자신들을 해방시켜준 COT 사업은 팹이 자신들의 팹 정보를 제공하고는 시스템 업체들에게 셀 라이브러리와 IP를 마음대로 만들어 쓰라고 자유를 주었다.

그러나 '내게 자유를!' 이라고 외치던 시스템 업체들은 막상 직접 셀 라이브러리와 IP를 개발하려고 보니, 반도체에 대한 깊은 지식이나 경험이 부족하다는 것을 깨달았다. 정작 자신들이 개발하려던 칩에 들이는 시간보다 더 많은 시간을 셀 라이브러리와 IP 개발에 쏟게 되었고, 그나마도 제대로 되지 않았다. 그러자 구관이 명관이다 싶어서 이제는 다시 팹에게 그런 것들을 다시 제공해 줄 것을 간절히(?) 요청하기에 이른다. 그래서 파운드리 회사들은 다시 이전의 ASIC 사업에서처럼 셀 라이브러리와 IP를 제공해 주기로 한다.

그런데 앞서서 TSMC는 자신들은 설계를 하지 않겠다고 세상에 천명하지 않았던가? 때문에 셀 라이브러리와 IP를 설계할 엔지니어들을 보유하지 않고 있었는데 고객들은 그것들을 제공해 달라고 아우성을 쳤다. 그래서 고객의 요구에 따라 셀 라이브러리와 IP를 개발해 줄 회사를 물색하게 된다. 그럴 능력이 충분한 종합 반도체 회사들은 자기들 팹에 맞는 셀 라이브러와 IP만 개발할 뿐 파운드리 회사에 제공할 필요성도 의지도 없었다. 누가 경쟁자에게 자신들의 비장의 무기를 선뜻 내주겠는가?

그런 와중에 TSMC가 시스템 업체들에게 가져다 준 자유를 엉뚱하게도 IP 프로바이더IP provider라고 불리는 IP 업체들이 누리게 된다. 행운은 준비된 자에게 온다고 하지 않았던가? 그때까지 디자인 센터나 디자인 하우스를 전전하며 근근이 연명하고 있던 반도체 설계 엔지니어들이 파운드리 사업의 최대 수혜자가 된다.

그때까지는 IP 프로바이더라는 용어 자체도 흔하지 않았다. 단지 ASIC 사업에서 남시스템 업체의 칩이나 설계해 주면서 민생고를 해결하던 디자인 센터나 디자인 하우스의 반도체 설계 엔지니어들이 때를 만난 것이다.

물론 그 이전에도 이런 엔지니어들은 ASIC 비즈니스 위주의 디자인 센터나 디자인 하우스에 소속되어 종합 반도체 회사의 용역을 받아 IP들을 제공해 왔었다. 그러나 그 IP들은 해당 팹의 공정에만 맞을 뿐 다른 팹에서는 제조할 수 없었다. 또한 해당 팹 회사의 고유 설계 툴in house tool에서만 설계가 가능했기 때문에 팹에 완전히 종속된 일종의 하청 업체와 비슷한 지위였고 시장 규모도 제한적이었다.

그렇지 않아도 ASIC 사업의 규모가 점점 축소되는 판국에 파운드리 회사들이 먼저 이들에게 러브 콜을 보내고 있었다. 이들은 팹 회사에서 팹 정보만 제공해 주면 언제든지 셀 라이브러리나 IP들을 개발할 수 있는 능력과 경험을 갖고 있다. 단지 무슨 칩을 개발할지, 즉 노우 왓의 문제에만 자신감이 부족할 뿐이었다.

'聖人不能爲時 時至亦不可失也성인불능위시 시지역불가실야, 위인이라 해서 때를 만들 수는 없지만, 시기를 만나면 놓치지 아니한다' 라는 선인의 말처럼 이들은 과감하게 디자인 하우스를 나와 자신들의 이름을 내건 IP 업체를 설립했다. 이로써 팹에 종속되지 않고 독자적으로 여러 파운드리 업체들에게 자신들의 IP나 셀 라이브러리를 제공할 수 있게 되었다.

셀 라이브러리와 IP들을 확보한 파운드리 회사를 통해 시스템 업체들은 동일한 팹에서 다양한 셀 라이브러리와 IP들을 제공받았다. ASIC 비즈니스에서는 해당 팹이 제공하는 셀 라이브러리와 IP가 단 한 가지였다. 그러나 파운드리 비즈니스에서는 그 팹에 IP를 등록한 여러 IP 업체들의 IP 중에서 자기 입맛에 맞는 IP나 셀 라이브러리를 고를 수 있는 '선택권'이 주어졌다. 즉, X라는 IP에 상호만 다른 여러 IP 업체들이 같이 등록되어 있는 것이다.

이로써 시스템 업체들은 IP나 셀 라이브러리를 직접 개발해야 하는 '고달픈 자유'가 아니라 있는 것들 중에서 고를 수 있는 '평안한 자유'를 누리게 되었다. 또, IP 업체들은 그 동안 팹에 종속된 하청 업체의 위치에서 이제는 팹과 동등한 동반자의 지위로 승격되어 독자적인 행보가 가능해졌다.

즉, 어떤 IP 업체가 정말 좋은 IP를 개발해 놓으면 여러 시스템 업체들이 그 IP를 선호하게 되고, 그런 시스템 업체들을 붙잡기 위해 파운드리 회사들이 서로 자기네 팹에 그 IP를 심어 달라고 조르는 상황에 이르렀다. 따라서 파운드리 비즈니스 모델은 팹, 시스템 회사, IP 회사 모두 '윈-윈win-win'이 가능하다.

다시 COT 비즈니스로 돌아가 보자. COT 비즈니스가 결과적으로 성공했다는 것은 무엇이고, ASIC 비즈니스로 회귀했다는 것은 무슨 의미일까?

COT 비즈니스라는 용어가 활발히 사용되었던 시기가 국내에서는 아주 짧았다. 그러니 일반인들은 듣기 어렵고, 반도체 종사자들도 아는 사람들만 안다. 그것은 COT 비즈니스를 하던 파운드리 회사들이 짧은 시간에 파운드리 비즈니스 모델을 개발하여 COT 비즈니스를 진화시켰기 때문이다. 시스템 업체나 요즘 많아진 팹리스 회사들은 모두 파운드리 비즈니스 모델을 이용하기 때문에 반도체를 개발하는 사람들에게도 생소한 용어이다.

그러나 이 COT 비즈니스는 사라진 것이 아니다. 여전히 IP 업체들과 파운드리 회사 간에는 이런 비즈니스 모델을 사용하고 있다. 당연하지 않은가? IP 업체는 팹 정보를 알아야 그 팹의 제조 공정에 맞는 최적화된 IP를 개발할 수 있다. 파운드리 회사는 다양한 IP를 확보할수록 많은 고객을 확보할 수 있고, IP 업체들이 필요로 하는 팹 정보를 제공한다.

원래는 시스템 업체에 제공하려던 팹 정보들이었고 시스템 업체나 팹리스 업체들은 그냥 셀 라이브러리와 IP만 제공해 달라고 하니 굳이 그런 고객들에게 팹 정보를 제공할 필요가 없어졌다. 따라서 현재의 파운드리 비즈니스를 하는 파운드리 회사들은 고객이 원한다면 언제든 COT 비즈니스 관계를 맺는다. 팹 회사 측에서는 그것이 더 편하다. 보유하고 있지도 않는 IP를 구해 달라는 고객보다야 이미 가지고 있는 팹 정보만 달라는 고객이 훨씬 대응하기도 쉽다.

따라서 COT 비즈니스는 파운드리 비즈니스로 진화하면서 원래의 자기 모습인 COT 비즈니스를 여전히 가지고 있다. 다만 대중들의 눈에 띄지 않고 끼리끼리_{팹과 IP 업체들만} 통할 뿐이다. 또 겉으로는 파운드리 비즈니스가 ASIC 비즈니스로 회귀한 것처럼 보이지만 사실은 ASIC 비즈니스와 COT 비즈니스의 가운데쯤에 자리를 잡은 것이다.

그래서 이 절의 앞부분에 케인즈의 정반합 얘기를 인용했던 것이다. ASIC 비즈니스에서는 팹이 IP들을 '소유'하고 있지만, 파운드리 비즈니스에서는 IP들이 팹에 '존재'할 뿐이다. 소유권은 IP 업체들에게 있다. 그리고 ASIC 비즈니스에서는 같은 기능의 IP가 팹에 '한 개'만 존재하지만, 파운드리 비즈니스에서는 같은 IP가 팹에 '여러 개' 존재한다. 그러면서 시스템 업체나 팹리스 회사들은 여전히 셀 라이브러리와 IP들을 팹으로부터 '제공' 받는다.

그런데 사실 유독 우리나라에서는 COT 사업이 아주 짧게 등장하고 현재는 아날로그 반도체 회사들이나 IP 분야에만 남아 있다. 우리나라에서 아날로그 반도체 사업을 하는 회사가 아닌 모든 팹리스 회사들은 이 파운드리 사업 모델을 이용한다.

하지만 외국 유수의 팹리스 회사들은 모두 자신들의 셀 라이브러리를 보유하고 있다. 특히 소기업들이 많은 대만의 경우 상위 몇 위까지는 자체 셀 라이브러리와 IP들을 보유하고, 팹들과 요즘도 COT 사업 모델을 활발히 이용하고 있다. 단지 우리나라에서만 생소하게 들릴 뿐이다. 그런 회사들은 팹이 제조 공정만 개발되면 셀 라이브러리나 IP들을 확보하기도 전에 이미 그 팹을 자기네들이 사용해 버린다.

이것도 우리네의 '빨리 빨리' 습성과 연관이 없지 않아 보인다. 빨리 반도체 칩을 만들어 팔아야 하는데 어느 세월에 셀 라이브러리부터 만드냐, 그런 것은 팹더러 제공해 달라고 하자, 뭐 이런 식인 것 같다.

하지만 정말 그럴까? 모든 팹들은 제조 공정을 개발하면 우선 COT 사업을 시작하여 고객들을 모은다. 당연히 이제 제조 공정을 개발했는데 그 공정에 맞는 셀 라이브러리나 IP가 있을 리 만무하다. 그러면서 1~2년간 셀 라이브러리와 IP들을 확보하고 나면 파운드리 사업을 개시한다.

예를 들면 A라는 회사가 90나노미터nm, 1나노미터는 백만분의 1밀리미터 테크놀로지를 개발해 놓고도 셀 라이브러리와 IP가 없어서 COT 사업 모델로는 90나노미터 테크놀로지를 받으면서 파운드리 사업 모델로는 0.13마이크로미터um, 1마이크로미터는 천분의 1밀리미터 테크놀로지만 받는 것이다. 결국 파운드리 사업 모델을 이용하면 COT 사업 모델을 이용하는 회사보다 늦은 제조 공정을 사용하게 된다. 또 셀 라이브러리와 IP에 대한 로열티를 지불해야 하기 때문에 같은 팹을 남들보다 비싸게 이용하는 셈이다.

2.7 IP 사업

IPIntellectual Property란 지적 재산권인 특허권, 저작권 등을 말하지만, 반도체에서는 그림 1.2에서 사용된 스텐다드 셀들, 혹은 이런 셀들보다 좀 더 규모가 큰 회로 집단을 지칭한다. 사실 엄밀한 의미로 스텐다드 셀들도 IP의 범주에 속한다.

그런데 그 회로가 다른 IP들에 비해 너무 단순하니까 셀 라이브러리라고 따로 떼어 내 구분하는 경우가 많다. IP는 예전에는 매크로 블록macro block이라 불리다가 후에 코어core라는 말로 대치되었고, 요즘은 IP라는 용어를 그대로 사용한다.

예를 들어 메모리 블록, MCU[5], DSP[6] 와 같이 회로 규모가 스텐다드 셀에 비해 훨씬 더 크고 복잡한 회로 집단이다. 그리고 DAC[7], ADC[8]와 같은 아날로그 블록이 될 수도 있다. 어쨌든 스텐다드 셀보다 회로가 복잡한 큰 규모의 회로를 지칭한다.

MCU와 DSP가 탑재되는 경우가 많은 SoC_{System on Chip} 설계에서는 그 MCU나 DSP에 올려진 펌 웨어firmware[9]까지 있어야 칩이 제대로 동작한다. 이런 점은 매크로 블록이나 코어라는 용어의 범위를 벗어나기 때문에 IP라 칭하게 된 것이다.

IP란 한번 개발해 놓으면 두고두고 다른 칩에서도 반복적으로 사용될 만한 회로를 누군가 미리 만들어 놓은 것이다. 그 자체로는 완성품이 아니지만 코어라는 말처럼 칩에서 핵심이 되는 기능을 수행하는 회로 집단이다. 실제 완성 칩을 개발할 때는 이 코어 주위에 다른 주변 회로들을 연결하여 개발한다.

자동차를 예로 들면 자동차에서 핵심이 되는 부분은 엔진이다. 그러나 엔진만으로 자동차가 움직일까? 차체도 필요하고, 바퀴도 있어야 하고, 의자도 필요하다. 이처럼 엔진이라는 코어 주변에 여러 부속들이 더해져 자동차라는 완성품이 된다.

반도체 칩도 이런 코어 주위에 여러 회로들을 붙여서 원하는 칩을 개발하는 것이다. 그리고 같은 엔진이라도 차체의 모양에 따라 차종을 다양화할 수 있다. 코어는 핵심적인 기능을 수행하면서 여러 반도체 칩에 반복적으로 사용되는 회로를 지칭한다.

그런데 자동차 바퀴는 꼭 A사의 자동차에만 장착하도록 고정되어 있지 않다. 크기만 같다면 B사, C사의 자동차에도 장착할 수 있다. 그러면 굳이 자동차 회사가 자동차 바퀴까지 만들 필요는 없다. 그런 시각에서 보면 자동차 바퀴는 코어는 아니지만 반복적으로 사용될 수 있기에 매크로 블록에 해당한다.

즉, 자동차 회사가 굳이 직접 바퀴를 만들지 않아도 규격화된 바퀴를 외부에서 구입하여 장착할 수 있다. 물론 자동차 바퀴를 생산하는 곳이라면 어디 것이든 상관없다. 이처럼 다른 차종에 반복적으로 사용할 수 있다면 매크로 블록이다.

그렇다면 차내에 장착되는 네비게이터나 오디오 세트, 룸 미러room mirror도 매크로 블록이 될 수 있나? 그렇다. 심지어 그 자동차에 사용되는 볼트나 너트까지도 매크로 블록이 될 수 있으나 그 정도 기능으로는 스텐다드 셀에 불과하다. 스텐다드 셀도 IP의 일종이라고 했던 것을 상기하자.

IP란 이런 매크로 블록과 코어를 합쳐서 부르는 명칭이다. 거기에다 그 회로에 맞는 펌 웨어나 그 회로의 기능과 사용법을 정리한 문서의 저작권, 그리고 그 회로에 특허권이 걸려 있다면 그 특허권까지를 총칭하는 용어이다.

IP 사업은 앞에서 이미 언급했듯이 파운드리 회사에 IP를 제공하는 사업이다. 그런데 꼭 파운드리 회사에만 IP를 제공하는 것은 아니다. 종합 반도체 회사에도, 심지어 팹리스 회사에도 제공한다. 이 사업에서 IP 업체의 수익은 IP 사용에 따른 라이센스료license fee[10]와 로열티royalty가 된다.

IP는 앞에서 정의했듯이 그 자체로는 완성품이 아니다. 반도체 칩 자체도 완제품이 아닌 부품이다. IP는 그 부품 속의 부품인 셈이다.

이것이 이 사업의 커다란 장점으로, IP 업체는 누군가 자기네 IP를 사용하면 수익이 발생한다. 사용자의 제품이 많이 팔릴수록 로열티 수익률도 높아진다. 혹시 그 사용자의 제품이 전혀 팔리지 않더라도 최소한 라이센스료만큼은 수익으로 낸다.

그러니 '노우 하우'에는 강하나 '노우 왓'에 약한 업체라면 이 비즈니스 모델이 아주 적합하면서 안정적이다. 물론 IP 자체가 정말 좋아야 한다. 그래서 '노우 하우'에 강해야 한다. IP 자체가 좋지 않으면 누가 그 IP를 채택하겠는가?

주의할 것은 IP 시장이 '아직' 노우 하우 단계에 있는 것이 아니라 '벌써' 노우 하우 단계에 와 있다는 점이다. 이미 '노우 왓' 단계를 지나 또 다시 '노우 하우' 단계로 와 있다. 벌써 한 바퀴를 돌아 제자리에 와 있는 것이다.

IP는 그 제공되는 형태에 따라서 하드 IP$_{hard\ IP}$와 소프트 IP$_{soft\ IP}$로 구분된다. 하드 IP는 RTL부터 레이아웃까지 정해진 IP이다. 따라서 정해진 팹의 공정에서만 제조가 가능한 IP로 보통 메모리 블록이나 아날로그 블록이 된다. 소프트 IP는 RTL만 제공되는 IP로 그림 1.1에서 보듯이 제공되는 셀 라이브러리를 이용하여 합성해서 사용하는 IP이며 보통 MCU나 DSP 같은 디지털 IP들이 많다. 하드 IP냐 소프트 IP냐는 그 IP가 가진 유연성에 따라 구분된다.

그런데 앞서서 보았듯이 하드 IP는 해당 제조 공정에 맞게 레이아웃까지 정해져 변형이 어렵다. 반면 소프트 IP는 RTL이 제공되어 해당 팹의 셀 라이브러리를 이용해서 합성을 하면 언제든지 변형이 가능하다. 가령 A시스템 업체가 B팹에서 0.13um 테크놀로지로 X라는 IP를 사용하여 칩을 개발했다고 가정해 보자.

B팹이 나중에 90nm 테크놀로지를 개발했기에 A사가 자기네 칩을 0.13um 테크놀로지에서 90nm 테크놀로지로 바꾸어서 생산하고 싶다면 A사는 B팹에서 90nm 셀 라이브러리를 제공받아 X라는 IP를 다시 합성한다. 이로써 90nm 테크놀로지에 맞는 IP가 생성되어 그 IP를 자기네 칩에 적용하면 되는 것이다.

물론 IP만이 아니라 다른 블록들도 90nm 셀 라이브러리를 이용하여 다시 합성해야 한다. 그 뿐만이 아니라 A사는 0.13um 테크놀로지에서는 B팹을 이용하여 자기네 칩을 개발했다가 C팹의 65nm 테크놀로지를 사용하려 해도 마찬가지이다. 해당 테크놀로지에 맞는 셀 라이브러리만 제공받아 다시 합성하면 되므로 소프트 IP는 같은 팹 내에서 다른 테크놀로지로 바꾸거나 심지어 이 팹에서 저 팹으로 바꿀 수도 있어서 유연성이 매우 높다.

반면 A사가 B팹의 0.13um 테크놀로지에서 Y라는 하드 IP를 사용했는데, B팹이 90nm 테크놀로지를 개발했기에 A사가 자기네 칩을 0.13um 테크놀로지가 아닌 90nm 테크놀로지로 생산하고 싶다면 B팹의 90nm 테크놀로지에 맞는 Y1이라는 하드 IP를 다시 제공받아야만 한다.

심지어 A사가 같은 0.13um 테크놀로지를 사용하는 C팹에서 자기네 칩의 생산을 맡기려면 C팹의 0.13um 테크놀로지에 맞는 Y2라는 하드 IP를 제공받아야 한다. 즉, 하드 IP는 같은 팹에서라도 다른 테크놀로지이면 해당 테크놀로지에 맞는 IP로 교체해 주어야 하고, 같은 테크놀로지라도 팹이 다르다면 역시 그 해당 팹에 맞는 IP로 교체해 주어야 하기에 그 유연성이 매우 낮다.

역사적으로는 하드 IP가 소프트 IP보다 앞서며, 소프트 IP는 합성 툴들이 나오고 나서야 등장했다.

좀 더 이해하기

"반도체 제대로 이해하기", 강구창, 지성사, 2005. 10 중에서

1 um(마이크로미터)

1000분의 1밀리미터, 즉 100만분의 1미터를 나타내는 마이크로미터(micrometer)는 원래 'μm'로 표기해야 한다. 100만분의 1을 의미하는 '마이크로'는 'μ'으로 표기하기 때문이다. 그러나 전자 공학, 특히 반도체 설계나 제조에 사용되는 소프트웨어에서 'μ'은 특수 문자이므로 키보드상에 존재하지 않아 입력이 불가능하므로 'μ' 대신 'u'를 사용하여 입력한다. 이런 연유로 전자 공학이나 반도체 분야에서는 국제 학술지에도 'μ' 대신 'u'로 표기하는 것을 용인하고 있다. 때문에 본 책에서는 'μm' 대신 'um'으로 표기하겠다. μA(마이크로암페어), μW(마이크로와트), 등도 uA, uW로 표기해도 된다.

"4. 접두사만의 대화", pp 42-43

2 게이트 어레이(gate array)

"11. 여러 가지 설계 방식", pp 205-219

3 씨 오브 게이트(Sea of Gate, SOG)

"11. 여러 가지 설계 방식", pp 205-219

4 스텐다드 셀(standard cell)

"11. 여러 가지 설계 방식", pp 205-219

5 MCU(Micro Controller Unit)

제어 기능에 적합한 회로 혹은 반도체 칩 또는 그런 IP. 펌 웨어만 바꾸어

좀 더 이해하기

주면 다른 제어 기능들을 수행할 수 있다. PC에 장착하는 펜티엄칩은 MPU(Micro Processor Unit) 라 하는데, MPU보다 기능과 성능이 다소 한정된다.

6 DSP(Digital Signal Processor)

연산 기능에 적합한 회로 혹은 반도체 칩 또는 그런 IP.

펌 웨어만 바꾸어 주면 동일한 회로에서 여러 가지 다른 연산이 가능하다.

7 DAC(Digital to Analog Converter)

디지털 신호를 아날로그 신호로 바꾸어 주는 회로 또는 반도체 칩.

8 ADC(Analog to Digital Converter)

아날로그 신호를 디지털 신호로 바꾸어 주는 회로 또는 반도체 칩.

9 펌 웨어(firmware)

반도체 칩을 구동시켜 주는 프로그램.

10 라이센스료(license fee)

로열티를 월세에 비유한다면 라이센스료는 월세 보증금에 해당한다고 보면 된다. 단, 돌려받지 못하는 월세 보증금이다.

쉬어가는 글

노우 왓 know what

반도체 회사뿐만 아니라 모든 기업들은 무슨 제품을 만들어야 할지 고민한다. 그래서 마케팅과 제품 기획이 중요하다. 그걸 뭘 고민하느냐, 시장 조사를 해 보면 무엇을 만들어야 할지 바로 답이 나오지 않느냐고 말할 수도 있다. 정말 그런지 짚어 보자.

잭 트라우트 Jack Trout 와 스티브 리브킨 Steve Rivkin 의 공저 「튀지 말고 차별화하라」 더난 출판사, 2000. 9. 30 에서 보면, 미국의 특정 자동차 회사의 차를 소유한 사람들 가운데 89%가 제품에 매우 만족하고 있고, 그 중 다음에도 그 자동차 회사의 제품을 구입하겠다는 사람들의 비율이 67%였다. 그런데 실제로 그렇게 한 사람은 20%에 불과했다고 한다.

게다가 여러 마케팅 관련 서적에서 자주 등장하는 예가 있다. 만약 헨리 포드가 시장 조사를 했더라면, 자동차를 만들지 않고 빠른 마차를 만들었을 것이라고 한다.

또 오래전 국내 모 잡지사의 사례도 있다. 기존의 여성 잡지들에 교양이나 지적인 내용이 너무 부족하다고 판단, 그 틈새시장을 노리고 여성들을 위한 지적인 교양지를 출간하기 위해 사전 시장 조사를 했다. 그랬더니 정확한 수치는 알 수 없으나, 아무튼 엄청난 수의 여성들이 그런 잡지가 출간되면 구독하겠다고 응답했다 한다. 따라서 그 회사는 자신들의 판단에 자신감을 갖고 여성들을 위한 지적이고 교양있는 잡지를 출간했다. 그런데 그 잡지는 판매 부수 부족으로 출간한 지 일 년 만에 폐간했다. 모 CF의 '여자의 변신은 무죄' 라는 말처럼 소비자의 변심도 무죄인 것이다.

쉬어가는 글

이러니 시장 조사 결과를 전적으로 믿을 수도 없는 노릇이다.

한편, 마케팅 관련 서적을 보면 하나같이 제품을 제일 먼저 시장에 내놓는 것이 승패를 결정짓는 가장 큰 요인이라고 언급하고 있다. 역사적으로 보면 성공했거나 생명력이 긴 회사는 최초의 제품을 내놓은 사례가 많다고 한다. 때문에 좋고 완벽한 제품을 만드려고 애쓰지 말고, 새로운 제품을 제일 먼저 시장에 내놓으라는 것이다.

그런데 이에 대해 제러드 텔리스Gerard Tellis와 피터 골더Peter Golder는 그들의 공저 「마켓리더의 조건」 시아출판사, 2002. 11. 30에서 이런 역사적 통계는 잘못된 것이라고 반박하고 있다. 그들은 통계 조사가 이루어진 시점과 실제 신상품이 시장에 출하된 시점 간의 시간적 왜곡을 간과했기에 그런 결과가 나온 것이라고 한다.

즉, 현재 살아남은 기업들을 대상으로 조사하여 통계를 내었기에 그 결과 역시 이들 중에 있을 수밖에 없다는 뜻이다. 설령 새로운 제품을 최초로 내놓은 회사가 따로 존재했다 해도 그들이 망했다면 통계 조사 시 그 대상이 될 수 없다. 따라서 자연히 통계 조사 시점에서 남아 있는 기업 중에 가장 먼저 제품을 내놓은 기업이 마치 최초로 개발하여 내놓은 것으로 왜곡되고 있다는 뜻이다.

예를 들어 인터넷 웹 브라우저를 보면 현재는 마이크로소프트사의 인터넷 익스플로러가 가장 많이 쓰인다. 그런데 그 이전에 넷스케이프라는 웹 브라우저가 있었다는 것을 기억하는 독자들도 많을 것이다. 넷스케이프는 1990년대 후반까지 우리나라에서도 많이 사용되었다. 그리고 그 이

쉬어가는 글

전에는 모자이크라는 것이 있었고, 모자이크 이전에도 고퍼, WAIS 가 있었다. 그런데 지금 시점에서 조사를 해 보면 그 이전에 웹 브라우저를 출시했던 회사들의 이름은 찾아볼 수 없다. 모두가 망했기 때문이다. 따라서 현재는 제일 먼저 웹 브라우저를 출시한 회사로 마이크로소프트사가 될 수밖에 없다. 일리가 있지 않은가?

MP3 플레이어를 예로 들어 보자. 현재 전 세계에서 가장 많이 팔리는 MP3 플레이어는 애플의 i-Pod이다. 그런데 세계 최초로 MP3 플레이어를 개발한 회사는 우리나라의 디지털 캐스트라는 회사다. 많은 사람들이 S사로 알고 있는데 그렇지 않다. 1990년대 후반 디지털 캐스트는 S사와 동시에 같은 제품을 각각의 브랜드로 출시했고, 다음 해에 외국 회사에 인수되었다. 따라서 지금 MP3 플레이어 회사들을 대상으로 조사하면 이 회사가 현재 존재하지 않기 때문에 이 회사가 아닌 다른 엉뚱한 회사가 MP3 플레이어를 세계 최초로 만든 회사로 선정된다는 것이다. 트랜지스터를 발명한 것도, 세계 최초로 트랜지스터 라디오를 출시한 것도 미국이었지만 트랜지스터 라디오로 세계 시장을 석권한 것은 일본의 소니였으며, 워크맨도 마찬가지였다. 이런 이유에서 노우 왓의 문제는 매우 어려운 창의력과 통찰력을 필요로 하는 것이다.

CHAPTER 3

: 반도체 회사의 종류

3.1 종합 반도체 회사

종합 반도체 회사는 영어로는 IDMIntegrated Device Manufacturer라 한다. 이른바 설계에서 제조, 테스트, 판매까지 전 과정을 총괄하는 회사다. 그림 1.1에서 1번부터 14번까지가 IDM이 수행하는 영역이다. 반도체 회사의 전형적인 형태라고 할 수 있으며, 동시에 가장 고전적인 형태이기도 하다.

그러나 실제로는 설계와 제조, 즉 그림 1.1에서 1번~7번, 9번~10번, 14번까지만 수행해도 IDM이라 한다. 다시 말해 마스크 제작이나 조립, 신뢰성 테스트 정도는 아웃소싱outsourcing을 해도 상관없다.

종합 반도체 회사는 반도체 회사 중에 가장 대규모 자본을 필요로 한다. 반도체 장비들 중에서 팹 장비, 조립 장비 그리고 테스트 장비 등이 가장 고가의 장비이다. 이 장비들을 업무 영역상 모두 갖추고 있어야 한다.

장비에 따라, 옵션에 따라 가격이 천차만별이지만 보통 대당 백만 달러를 호가한다. 게다가 생산 용량을 높이려면 같은 장비를 여러 대 보유해야 하기에 더욱 그렇다.

독자들 중에 신문이나 방송에서 어느 회사의 반도체 생산량이 월 웨이퍼 5천 장이니, 2만 장이니 하는 말을 들어 본 적이 있을 것이다. 그 생산량을 결정하는 것은 그 회사의 대지 면적이나 건물 면적이 아닌, 바로 이 장비를 몇 대나 보유했느냐 하는 것이다. 그 중에서도 특히 포토 작업[1]을 수행하는 스테퍼stepper 장비의 대수가 생산량을 좌우한다.

그리고 앞서 언급했듯이, 요즘은 종합 반도체 회사라고 해서 반드시 자신들의 제품만을 생산하지는 않는다. 메모리 반도체처럼 여러 전자 제품에 공통적으로 사용되는 제품이 아닌 시스템 IC는 그 특성상 메모리 반도체보다는 소량 다품종이다. 따라서 반도체 칩을 제조하는 팹에서는 언제, 얼마나 팔릴지 모르는 제품을 마냥 재고로 쌓아둘 수도 없다. 그렇다고 이 비싼 장비들을 쓰지 않고 쉬게 하면 그대로 손실로 돌아오기 때문에 남는 생산 용량을 뒤에서 소개할 팹리스 회사들의 제품을 생산하는 데 활용한다. 즉, 이런 회사 내에는 자사 제품에 관여하는 사업부 외에 COT 사업이나 파운드리 사업을 운영하는 사업부들이 존재한다.

해외에서는 펜티엄 칩으로 유명한 인텔Intel, 신호 처리 칩인 DSP로 유명한 텍사스 인스트루먼트Texas Instrument, TI, IBM과 같은 미국 회사들과 도시바, 미쓰비시, 후지쯔 같은 일본 회사, 그리고 플래시 메모리로 유명한 유럽의 ST 마이크로 일렉트로닉스 등이 대표적인 예이며, 우리나라에서는 삼성전자, 하이닉스hynix, 매그나칩Magnachip 등 3개사가 있다.

3.2 파운드리 회사

파운드리 회사foundry company는 팹을 보유하고 그림 1.1에서 9번 반도체 제조만 수행하는 회사를 말한다. 그러나 실질적으로는 회사에 따라 그림 1.1에서 9~12번까지, 즉 테스트와 조립까지도 수행한다.

파운드리 회사는 종합 반도체 회사 다음으로 많은 자본을 필요로 한다. 팹 장비, 테스트 장비, 그리고 회사에 따라 반도체 조립 장비도 갖추고 있다. 설계 장비들이나 설계 소프트웨어들은 보유하지 않거나, 최소한으로 몇 대씩 구색만 갖추고 있으면 된다.

이런 회사들은 이름은 파운드리 회사이지만, 파운드리 사업만 수행하는 것은 아니다. COT 사업과 파운드리 사업을 통해 반도체 칩을 제조하기 때문에 자신들이 반도체 칩을 설계할 일은 없으며, 팹리스 회사 또는 시스템 회사에서 설계한 반도체를 제조만 해 준다.

그러나 COT 사업만을 위해서라면 자신들의 제조 공정만 잘 개

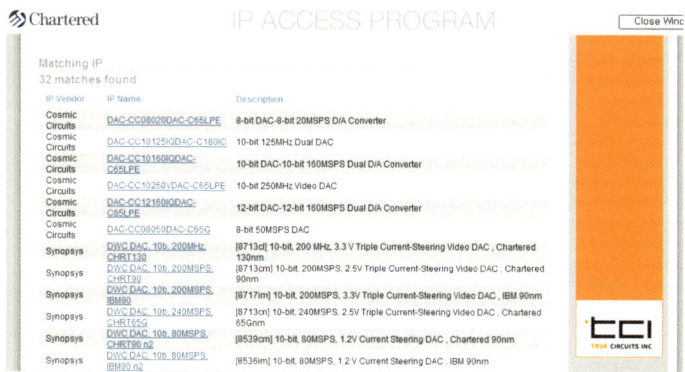

그림 3.1 써드 파티 IP 리스트 일부(출처 : www.charteredsemi.com)

발해 놓으면 되지만 파운드리 사업을 위해서는 자신들의 고객, 즉 팹리스 회사들이 필요로 하는 스텐다드 셀 라이브러리Stanadrad Cell Library와 IP들을 확보하고 있어야 한다. 이런 것들은 자체적으로 '소유' 하고 있을 수도 있고, 남의 IP들을 '등록' 시켜 놓을 수도 있다.

그림 3.1은 차터드Chartered라는 파운드리 회사의 홈페이지에서 발췌한 IP목록이다. 그런데 자세히 보면, IP벤더들이 Cosmic Circuits, Synopsys 등 Chartered가 아닌 회사들이다. 이처럼 자신들 소유의 IP가 아닌 제3자의 IP들을 써드 파티 IPThird Party IP라고 하는데, 대부분의 파운드리 회사들은 자체 소유 IP보다 이런 써드 파티 IP들을 압도적으로 더 많이 확보하고 있다.

그 이유는 파운드리 회사 입장에서는 고객들이 저마다 필요로 하는 수천, 수만 가지의 IP들을 자신들이 모두 개발하거나 IP 회사로부터 도입할 수는 없기 때문이다. 그래서 이런 IP 회사들과 제휴를 맺어, 자신들의 팹에서 그 IP를 제조하여 제대로 동작하는지 확인한 후, 자신들의 팹에 그 회사의 IP를 등록시켜 놓는다. 그리고 고객이 필요로 하면 해당 IP 회사와 고객 간에 거래가 이루어지도록 한다.

이때 IP 사용에 따른 사용권이나 비용은 고객과 IP 회사들이 해결하고 자신들은 그 IP가 탑재된 고객의 반도체 칩만 제조해 준다. 물론 IP 회사나 고객의 번거로움을 덜어 주기 위하여 IP 회사와 미리 약정을 맺어 자신들의 고객과 IP 사용권에 대한 계약 체결을 대행하기도 한다. 자신들의 고객에게 IP 사용에 따른 라이센스료와 로열티를 반도체 칩 제조비와 함께 받아서 IP 회사에 보낼 수도 있다. 어찌 되었건 해당 IP의 소유권은 IP 회사에 있다. 이 점이 예전의 ASIC 사업과 다른 점이다.

앞에서도 언급했듯이 ASIC 사업에서는 팹이 '소유'한 IP만 팹리스Fabless 회사들이 사용할 수 있었다. 하지만 파운드리 사업에서는

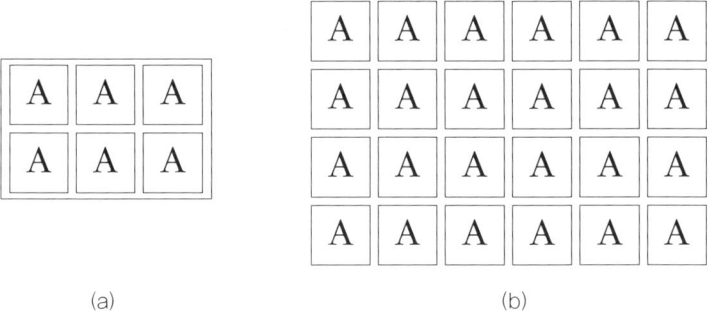

(a)   (b)

그림 3.2 (a) 양산용 마스크 (b) 양산용 마스크를 이용하여 가공된 웨이퍼의 일부

팹이 소유하지 않은, 팹에 '존재' 하는 IP들까지 팹리스 회사들이 사용할 수 있게 된 것이다. 파운드리 회사 입장에서는 자신들의 제조 공정을 잘 개발해 놓는 것 다음으로 이런 IP들을 보다 많이, 보다 좋은 것으로 구비하는 것이 파운드리 사업의 성패를 가른다. 물론 COT 사업만 하겠다면 IP들을 구비해 놓을 필요는 없다.

앞서 파운드리 회사들은 자신들 팹의 기술 정보를 고객들에게 공개함으로써 COT 사업이 가능해졌다고 했다. 또한 스텐다드 셀 라이브러리와 IP들을 제공함으로써 파운드리 사업을 가능케하여 팹리스 회사들과 IP 회사들의 출현에 크게 기여했다고 언급했었다. 그런데 파운드리 회사들은 그 외에도 셔틀shuttle이라고도 불리는 MPWMulti Project Wafer 프로그램을 제공하여 팹리스 회사들과 IP 회사들의 육성에 크게 기여하였다.

여기서 MPW가 무엇인지 잠깐 짚고 넘어가고자 한다. MPW란 말 그대로 하나의 웨이퍼에 여러 개의 프로젝트, 즉 여러 종류의 다이die를 제조하는 것이다.

그림 3.2에서 (a)는 일반적인 양산용 마스크이다. 마스크의 최대 크기는 장비에 따라 정해져 있는데, 다이가 마스크 크기보다 작을 경우 그림 3.2 (a)에서처럼 한 마스크에 여러 개의 같은 다이가 올라간다. 물론 다이 크기가 너무 크면 마스크에 다이 한 개만 올라갈 수도

있다. 여기서 다이라 함은 실제 다이가 아니라 다이를 만들 수 있는 레이아웃 데이터이다. 좀 더 정확하게 말하면 레이아웃 데이터를 가지고 만들어 낸 PG Pattern Generation 데이터[2]인데, 여기서는 그냥 그림 1.6과 같은 레이아웃 데이터가 올라간다고 생각하면 된다.

그림 3.2 (a)의 경우는 한 장의 마스크에 6개의 다이를 찍어낼 수 있게 A라는 다이의 PG 데이터가 6개 올라가 있는 것이다. 이와 같은 마스크를 이용하여 웨이퍼가 가득 차도록 여러 번 반복하여 찍어서 웨이퍼를 가공한다. 그러면 그림 3.2 (b) 와 같이 다이들이 웨이퍼 상에 제조된다. 물론, 그림 3.2 (b)는 웨이퍼 전체를 그린 것이 아니라 그 일부분만을 나타낸 것으로, 그림 3.2 (b) 만큼의 다이를 가공한다면 그림 3.2 (a)의 마스크로 4번 포토 작업한 분량이다. 즉, 웨이퍼 전체에 다이 A가 제조되는 것이다.

한편 그림 3.3 (a)는 MPW를 제조하기 위하여 제작한 MPW용

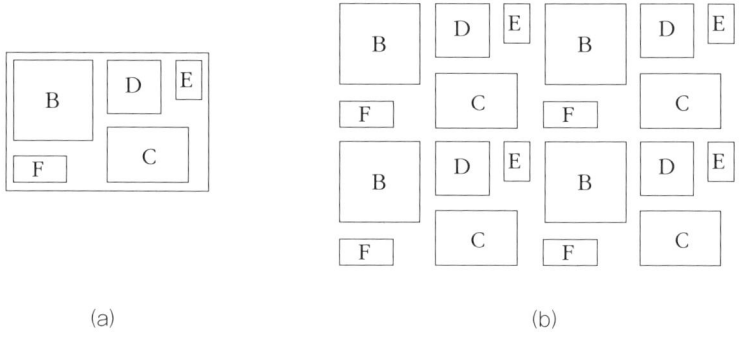

(a)   (b)

그림 3.3 (a) MPW 용 마스크 (b) 가공된 MPW의 일부

마스크이다. 즉, 한 마스크 안에 B, C, D, E, F라는 5종류의 다이에 대한 PG 데이터가 올라가 있다. 이런 마스크로 웨이퍼 위에 4번 포토 작업을 하면 그림 3.3 (b)와 같이 된다. 따라서 한 웨이퍼를 가공하면서 여러 종류의 다이를 얻어낼 수 있다. 물론, MPW에 같이 올라갈 수 있는 다이는 서로 같은 제조 공정을 사용하여야 한다. 이렇게 하여 제조된 웨이퍼를 MPW라 한다.

　회사에 따라 이 MPW를 운영하는 프로그램의 이름은 달라진다. 주로 셔틀이라는 용어를 쓰거나 MPW 프로그램이라고 하는데 여기서는 독자들의 혼돈을 막기 위해 그냥 MPW 프로그램이라 하겠다. MPW 프로그램도 COT 사업이나 파운드리 사업과 마찬가지로 TSMC가 시초인 것으로 일반인들에게 알려져 있으나, 사실은 이것 역시 MOSIS라는 회사가 처음 실시했다. 단지 TSMC처럼 널리 퍼뜨리지 못했을 뿐이다. 아무튼 MOSIS 입장에서는 여러 모로 억울할 법하다.

　이 MPW 프로그램이 팹리스 회사나 IP 회사들을 크게 육성시킨 이유는 비교적 적은 개발비로 자신들의 반도체 시제품을 제조할 수 있는 여건을 만들어 주었기 때문이다. 이를 이해하기 위해서는 반도체 칩의 제조 원가에 대해 알아야 한다. 정확한 제조 원가는 모든 회사들이 그러하듯이 환율, 생산 시기와 물량에 따라 변하고, 더구나 각 회사의 영업 비밀이기에 정확히 알 수는 없다. 그러나 대략적인 원가 비율은 비슷하다.

요즘 시세로 디자인 룰 65나노미터 제조 공정에서 시제품으로 반도체 칩 20~30개를 제조하는 데 약 10억 원의 팹 비용FAB charge이 소요된다. 디자인 룰 45나노미터 제조 공정을 사용한다면 약 20억 원이 투여된다.

그런데 양산이 아닌 시제품 생산에서는 재료비는 무시할 만한 비용이고, 팹의 인건비와 장비 비용의 변동은 있지만 대부분이 마스크 제작 비용이다. 디자인 룰이 작을수록 고가의 마스크를 제작해야 하므로 가격은 더 비싸진다. 물론 같은 디자인 룰의 마스크라면 시간이 지날수록 가격이 내려간다. 그러기에 그림 3.2 (a)와 같은 일반적인 마스크를 제작할 때는 한 가지 다이만 올라가기 때문에 당연히 한 회사가 그 모든 비용을 부담해야 한다.

반면에 그림 3.3 (a)와 같은 MPW용 마스크를 제작한다면, 그 마스크에 올라가는 다이의 면적에 비례해서 마스크 제작 비용을 나누어서 부담한다. 즉, 그림 3.3 (a)의 예에서는 다이 B를 설계한 회사가 가장 많은 비용을 부담하고 다이 E를 설계한 회사가 가장 적은 비용을 부담하게 된다. 우리가 흔히 말하는 1/N의 개념이다.

이렇게 제조된 시제품으로 여러 가지 테스트를 거쳐 수정할 부분이 있으면 수정을 하거나 샘플로 고객들, 즉 시스템 회사에 공급 또는 시연demonstration을 해 보일 수 있다. 그러나 결국 양산에 들어가려면 당연히 그림 3.2 (a)와 같은 일반적인 혹은 양산용 마스크를 다시 제작하여야 한다. 그 이유는 당연히 원가 때문이다.

시제품으로서는 MPW가 저렴하지만, 양산에 들어가게 될 경우 웨이퍼 한 장의 제조비는 정해져 있어서 가급적 많은 다이가 들어갈수록 제조 원가는 내려간다. 그림 3.2와 그림 3.3에서 보듯이 MPW용 마스크로는 양산용 마스크를 사용할 때만큼 동일한 다이를 많이 제조할 수 없기 때문이다.

따라서 반도체 칩을 직접 판매하는 팹리스 회사의 경우에는 어차피 양산용 마스크를 제작해야 하기 때문에 MPW를 이용하는 것이 꼭 비용을 줄이는 것은 아니다.

전문 파운드리 회사로는 대만의 TSMC, UMC와 싱가폴의 차터드Chartered, 중국의 SMIC 등이 유명하고, 우리나라에서는 동부 하이테크가 유일한 파운드리 회사라 할 수 있다. 하지만 대부분의 시스템 IC 종합 반도체 회사들은 파운드리 사업을 병행한다.

3.3 반도체 조립 회사

반도체 조립 회사는 그림 1.1에서 11번에 해당하는 반도체 조립을 수행하는 회사이나 실질적으로는 테스트도 같이 한다. 즉, 11~12번까지를 수행하는 회사이다. 어셈블리ASS'Y, assembly 회사 혹은 패키지package 회사라고도 하며, 반도체 회사 형태 중에 세 번째로 많은 자본을 필요로 한다. 보통 테스트 장비까지는 구비하지만, 비싼 팹 장비는 보유하지 않아도 된다. 국내에도 여러 반도체 조립 회사들이 있다.

반도체의 패키지package 형태에는 여러 가지가 있다. 그림 3.4는 여러 가지 패키지들을 평면적으로 위에서 본 그림이다. 그림 3.4 (a)는 칩의 양쪽으로 핀들이 나와 있는 DIPDual In Line Package, 그림 3.4 (b)는 핀들이 칩의 사방으로 나와 있는 QFPQuad Flat Package를 간략하게 그린 것이다.

요즘은 이런 단순한(?) 형태의 패키지는 동남아시아나 중국의 회사들이 생산하고 있다. 우리의 경우 인건비 상승으로 이들 나라와 경쟁이 되지 않다 보니 고부가가치 제품인 그림 3.4 (c), (d) 와 같은 BGABall Grid Array 타입의 패키지를 많이 다루려고 한다.

BGA는 그림 3.4 (c)에서 보는 바와 같이 평면적으로 위에서 보면 핀이 보이지 않는다. 대신에 뒤집어서 뒷면을 보면 그림 3.4 (d)에서와 같이 작은 구슬ball모양의 핀들이 나와 있다. BGA는 DIP이나 QFP처럼 평면적으로 칩의 핀들이 차지하는 면적이 없기에 그만큼

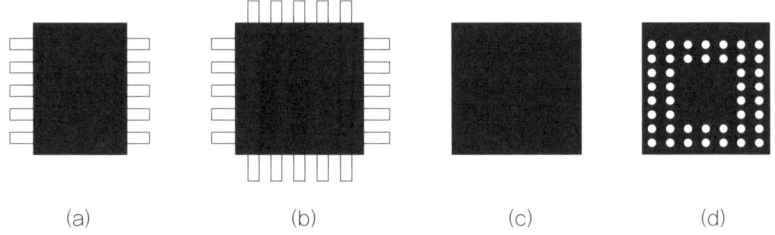

그림 3.4 여러 가지 반도체 패키지 형태들
(a) DIP 타입 패키지 (b) QFP 타입 패키지 (c) BGA 타입 전면 (d) BGA 타입 후면

PCBPrinted Circuit Board³의 면적을 줄일 수 있다. 그래서 휴대용 전자 제품과 같이 부피가 작은 전자 제품에 탑재되는 반도체 칩들은 이런 형태의 패키지를 선호하게 된다.

제품을 보다 더 작게 만들고자 하는 열망은 모든 반도체 기술자들의 숙명이다. 설계 엔지니어든 공정 엔지니어든 반도체 조립 엔지니어든 이 숙명에서 피해갈 수 없다.

그림 1.12는 반도체 칩을 홀 디캡hole de-cap한 사진이다. 홀 디캡이란 패키지된 상태의 반도체 칩을 기계적으로 조금씩 갈아 내면서 화학 약품을 이용하여 벗겨 내는 작업이다. 주로 반도체 칩의 불량 분석 failure analysis을 할 때 핀을 통해 외부에서 신호를 가해 주는데, 칩의 핀들은 다이와 연결된 상태에서 다이 내부의 전기적 신호를 측정하기 위해 수행하는 작업이다. 다이 내부의 신호는 현미경을 보면서 피코 프루브pico probe라고 하는 머리카락보다 가느다란 침으로 찍어서 측정하거나, 전자 빔을 이용하는 이 빔 프루버e-beam prober장비를 이용한다.

그림 1.12에서 빛이 반사되어 하얗게 보이는 부분이 실제로 반도체 회로가 들어 있는 다이이다. 그런데 (a)의 다이가 (b)의 다이보다 훨씬 큰데도 패키지가 된 반도체 칩은 (b)가 훨씬 크다. 그 이유는 (b)의 칩이 (a)칩에 비해 핀 수가 많기 때문이다. 반도체 칩에서 핀의 간격은 나중에 전자 제품의 PCB에 올려져서 납땜이 가능하도록 일정한 너비와 간격을 유지해야 한다.

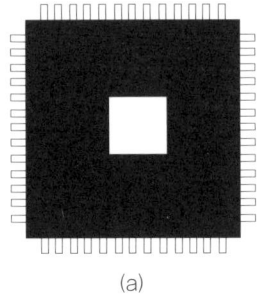 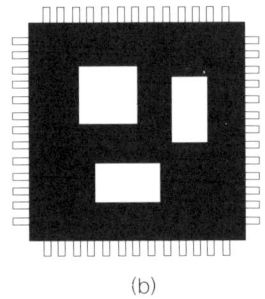

그림 3.5 일반 칩(a)과 MCP(b)의 투시도(흰색 부분이 다이)

따라서 아무리 다이가 작더라도 핀 수가 많아지면 칩은 커질 수밖에 없다. 결국 핀 수를 줄이면 칩이 크기도 작아진다는 것이다. 그래서 반도체 조립 회사들이 고안해 낸 것이 그림 3.5 (b)와 같은 MCP Multi Chip Package이다.

즉, 일반적인 패키지에는 그림 3.5 (a)와 같이 한 개의 다이가 들어가 있다. 반면 MCP는 그림 3.5 (b)와 같이 여러 개의 다이들이 들어가 있다.

그런데 이렇게 하는 것이 어떻게 핀 수를 줄일 수 있을까?

예를 들어 그림 3.5 (b)와 같이 한 칩에 다이들이 A, B, C 3개가 탑재되고 각각의 다이에 40개씩의 패드그림 1.10 참조가 있다고 가정해 보자. 그러면 3개의 다이에 120개의 패드가 존재하고 그림 3.5와 같이 각각의 다이들을 조립한다면 각각 40개의 핀들이 연결된 도합 120개의 핀들이 존재한다.

그런데 다이 A의 패드 40개 중에 다이 B에 연결될 패드가 20개, 다이 A에서 다이 C에 연결될 패드가 10개, 다이 B와 다이 C가 서로 연결될 패드가 10개라면, 이렇게 다이 A, B, C간에 서로 연결될 패드들은 굳이 패키지 밖으로 나오지 않고 칩 내부에서 서로 연결시킬 수 있다. 그리고 전혀 다른 칩들과 연결될 패드들만 패키지의 핀으로 뽑아낸다. 이렇게 해서 핀 수를 줄이는 것이다.

이 예에서는 20+10+10=40 이므로 세 개의 다이들을 각각 조립했을 때는 120개의 핀들이 필요했지만, MCP로 하면 40개가 줄어든 80핀이면 해결된다. 이렇게 핀 수가 줄어들고, 그로 인해 칩의 크기가 작아지는 것이다.

칩의 핀 수가 줄어드는 것은 단지 칩의 면적이 줄어드는 이점만 있는 것이 아니다. 시스템 회사에서 이 칩을 이용하여 전자 제품을 만들기 위해서는 여러 반도체 칩들을 PCB 위에서 납땜으로 연결해야 하는데, 납땜 횟수가 줄어들수록 수율yield이 높아진다. 120군데를 납땜할 때와 80군데를 납땜할 때의 잘못될 경우를 비교하면 당연히 80군데를 납땜할 때 불량이 적을 것이다. 수율이 높아진다는 것, 즉 불량률이 낮아진다는 것은 곧바로 제조 원가에 영향을 준다.

하지만 이런 MCP는 단지 칩의 크기가 작아지거나 핀 수가 줄어들거나 하는 것보다 훨씬 더 큰 이점을 갖고 있다. 예를 들어 A라는 회사가 MP3 플레이어에 탑재할 수 있는 MP3 디코더 반도체 칩을 기획한다고 가정하자. 그런데 MP3 플레이어에는 어차피 플래시 메모리도 있어야 한다. 그렇다면 A라는 회사는 다른 회사들보다 경쟁력을 갖기 위해 플래시 메모리도 자신들의 칩에 집적시키는 것이 유리하지 않겠는가? 물론, 자신들의 칩 가격에 플래시 메모리 가격도 포함해서 말이다.

아이디어만 따지고 보면 전적으로 맞는 말이다. 문제는 그 아이디어를 실현시키는 데에 보다 많은 것이 요구된다는 점이다. 성공을 하려면 그 아이디어를 구현할 강인한 추진력과 진득한 인내력이 필요하다. 지금은 흔한 복사기도 복사기 관련 특허를 등록해서 상용화되기까지 20여 년이 걸렸다. 그 특허권은 두 차례 팔려 제록스에 와서야 겨우 상용화가 되었다.

각설하고, 이 예에서 기술적인 문제를 고려해 보자. 요즘 흔히들 말하는 SoC System on Chip라는 것이 바로 이것이다. 예전에는 하나의 시스템 규모였던 것을 하나의 반도체 칩에 집적시키자는 것이다. MP3 디코더와 플래시 메모리를 한 칩에 집적시키자는 아이디어도 이런 배경에서는 가능해 보인다. 그런데 MP3 디코더는 시스템 IC이고, 시스템 IC 제조 공정과 플래시 메모리의 제조 공정은 서로 다르다. 통상적으로 트랜지스터를 형성시키는 단계까지를 프론트 앤드front-end 공정, 메탈 공정[4]부터 그 이후를 백 앤드back-end 공정이라 한다.

프론트 앤드 공정에서는 플래시 메모리가 시스템 IC보다 단계도 많고 복잡한 반면, 백 앤드 공정에서는 시스템 IC가 플래시 메모리 공정보다 단계도 많고 복잡하다. 결론적으로 이 예에서 플래시 메모리 공정에서는 시스템 IC와 플래시 메모리를 한 다이에 집적시킬 수 있으나, 시스템 IC공정에서는 그 두 개를 한 다이로 제조할 수 없다. 그렇다면 플래시 메모리 제조 공정으로 제조하면 플래시 메모리를 한 칩에 집적하는 것이 기술적으로 가능할 것이다.

그러나 이것은 사업성이 없다. 일반적으로 플래시 메모리 제조 공정은 시스템 IC 제조 공정보다 원가가 비싸다. 게다가 반도체는 그 면적이 커질수록 수율$_{yield}$이 떨어져 원가가 올라가게 된다. MP3 디코더 하나만 있을 때와 거기에 플래시 메모리까지 붙였을 때를 비교하면 후자의 경우에 당연히 면적이 커진다.

따라서 이런 식으로 MP3 디코더와 플래시 메모리를 하나로 집적시키면 오히려 MP3 디코더 칩과 플래시 메모리를 각각 사는 것보다 비싸진다. 즉 상업성이 없는 아이디어를 실현시킬 이유가 없는 것이다. 그렇다고 이 아이디어가 무조건 틀린 것은 아니며 단지 추진 방향이 틀렸을 뿐이다.

이런 아이디어를 가능케 해 주는 것이 바로 MCP 조립 기술이다. MP3 디코더는 시스템 IC이니 시스템 IC 공정으로 제조하고, 플래시 메모리는 플래시 메모리 공정으로 제조한다. 그리고 그 두 개의 다이를 패키지할 때 그림 3.5 (b)와 같이 한다. 그러면 다이는 각자에게 적합한 공정으로 제조되었으므로 원가에는 변함이 없다. 또 다이는 두 개이지만 패키지된 칩 상태에서는 한 개다. 그러니 위의 아이디어를 구현해 낸 것이다.

물론, MCP 조립은 일반적인 조립보다 비싸다. 그렇지만 두 번 패키지할 것을 한 번으로 줄였고, 패키지의 핀 수도 줄었으니 그만큼 가격은 내려간다. 조립 비용은 패키지 타입과 핀 수에 영향을 받기 때문이다. 시스템 회사 입장에서는 2개의 칩보다 면적도 줄고, 납땜할 핀 수도 줄었다. 모두가 만족할 수 있는 결과이다.

사람의 욕심은 한이 없다. BGA로 면적을 줄였고, MCP로 면적과 핀 수도 줄였다. 그래도 사람들은 '조금 더'를 요구한다.

MCP를 그림 3.5 (b)와 같이 꼭 평면적으로 구현해야 할까? 입체적으로 구현하면 PCB에서 차지하는 면적이 더 줄어들지 않을까? 그래서 요즘은 그림 3.6 (b)와 같이 다이를 평면적으로 옆에 펼쳐 놓는 것이 아니라 위로 쌓아 올리기도 한다.

단, 이때는 그림에서 보듯이 다이를 일반적인 패키지에서보다 좀 더 얇게 갈아서 조립한다. 이를 백 그라인딩back grinding이라 한다. 사실은 다이를 가는 것이 아니라 제조된 웨이퍼의 뒷면을 패키지 타입

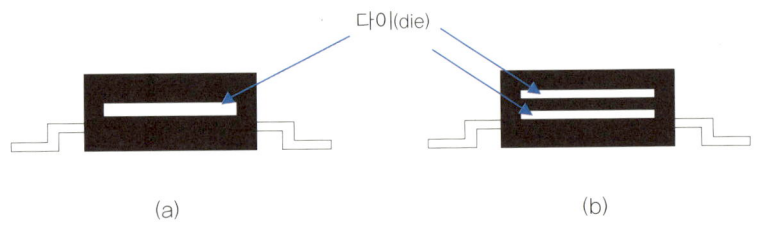

그림 3.6 일반 패키지(a)와 적층형 MCP(b)의 단면도

에 맞는 두께로 얇게 갈고, 그 얇아진 웨이퍼를 잘라서sawing, 그림 1.8 참조 다이를 만드는 것이다. 반도체 회로는 웨이퍼의 앞면에 제조되므로, 뒷면을 갈아내는 것은 기능상에 아무런 영향도 주지 않는다.

이런 MCP는 DIP 타입, QFP 타입, BGA 타입에서 모두 가능하고, 다이를 몇 개까지 MCP로 할 수 있는지는 각 회사의 기술에 따라 다르다. 설명의 편이상 BGA를 먼저 소개했지만, 역사적으로는 BGA가 최근의 기술로 평면적 MCP보다 나중에 개발되었다.

이런 반도체 조립 회사는 국내에도 여러 개 존재한다. 대표적인 회사로는 예전의 아남산업, 현재의 암코AmKor가 있다. 지금은 외국 회사이지만, 과거에는 우리나라 국적의 회사였다. 현재도 반도체 조립 부문에서는 암코가 세계 최고의 지위를 누리고 있다.

3.4 팹리스 회사

팹리스FABless, Fabless 회사란 말 그대로 팹이 없는 회사라는 뜻인데, 그림 1.1에서 1~7번까지 그리고 14번 즉, 설계와 판매만 수행하는 회사이다.

하지만 대개 이 중 5~6번에 해당하는 P&R이나 레이아웃 검증은 뒤에 설명할 디자인 하우스에 맡긴다.

팹리스 회사가 뒤에 설명할 디자인 하우스design house와 다른 점은 자체 칩을 설계한다는 점이다. 즉, 설계는 자신들이 하고 제조와 조립, 테스트 등은 아웃소싱을 하여 개발한 후, 개발 완료된 반도체 칩은 자신들의 이름으로 판매한다.

뒤에 소개할 IP 회사와 함께 가장 적은 자본으로도 설립할 수 있는 반도체 회사이다. 이는 업무 영역상 설계와 반도체 칩의 판매만을 담당하기 때문이다. 비싼 팹 장비나 조립 장비, 그리고 테스트 장비를 보유하지 않아도 된다. 이는 COT 사업과 파운드리 사업이 생겨났기에 가능한 일이다. 게다가 요즘은 점점 더 그 설립 자본이 적게 들고 있다. 그렇게 된 데는 두 가지 이유가 있다.

첫 번째는 PC 성능의 향상이다. 1980년대까지만 해도 반도체 설계를 하기 위해서는 메인 프레임main frame이라 불리는 대형 컴퓨터, 또는 최소한 중형 컴퓨터가 있어야 설계가 가능했다. 그런데 1990년대 들어서면서 워크스테이션workstation[5]의 성능이 높아져서 설계 환경이 메인 프레임에서 워크스테이션으로 옮아갔다.

그러나 당시 워크스테이션은 한 대 가격만 4천만 원~5천만 원 하던 고가의 장비였다. 게다가 요즘은 PC 성능이 더욱 좋아져서 굳이 워크스테이션에서 설계할 필요가 없어졌다. 일반 PC를 한 대 구입해서 O/Soperating system, 운용 체계를 MS 윈도우 대신 무료인 리눅스Linux로 올리면 설계 소프트웨어들을 사용할 수 있다.

두 번째는 소프트웨어 임대 프로그램이 생겨났기 때문이다. 사실은 이 요인이 첫 번째 요인보다 훨씬 더 큰 영향을 주었다. 반도체 설계 측면에서는 워크스테이션이나 PC 같은 하드웨어보다 소프트웨어의 가격이 훨씬 더 비싸다물론 메인 프레임의 경우는 값을 알지 못할 만큼 비싸지만.

워크스테이션은 몇 천만 원 정도인데 반도체 설계용 소프트웨어는 종류나 옵션에 따라 다르기는 하지만 대략 몇 억 원 정도 한다. 그런데 앞서서 살펴보았듯이 이런 소프트웨어들이 여러 종류 필요하다. 이런 문제를 해결해 주는 것이 소프트웨어 임대 사업이다.

국내에서는 영리 목적으로 소프트웨어를 임대해 주는 회사는 없고, 대표적으로 국내 중소 팹리스 회사들을 상대로 하는 전자통신연구원 산하의 IT-SoC와 충북 테크노파크, 국내 대학교들을 상대로 하는 KAIST 산하의 IDEC가 이런 프로그램을 제공해 준다.

이는 초기 자본이 빈약한 팹리스 회사들에게 설계 툴을 사용하게 해 주고 그 사용 시간에 따라 사용료를 받는 것이다. 팹리스 회사들은 필요한 여러 가지 고가의 설계 툴들을 마음껏 사용하면서 그 사용 시간만큼만 사용료를 지불하기 때문에 재정적으로 큰 도움이 된다. 물론 위의 기관들이 소프트웨어 임대 프로그램만 제공하는 것은 아니다. 그 외에도 여러 가지 프로그램들이 있다.

이 부분은 일반인들이 쉽게 이해하지 못하는 측면일 수 있다. 대부분의 사람들은 반도체 회사라 하면 모두 대기업이라고 생각한다. 그도 그럴 것이 우리나라 TV 방송이나 신문에서는 팹을 보유하고 있는 파운드리 회사나 종합 반도체 회사들만이 소개되었기 때문이다. 그래서 팹리스 회사를 대기업의 하청 업체 정도로 오해하는 경우가 많다.

하지만 사실은 그렇지 않다. 엄밀하게 따지면 팹리스 회사가 주主라면 팹 회사는 종從에 해당한다. 즉, 팹리스 회사는 팹 회사에 반도체 칩을 외주 가공한다. 따라서 그 칩의 소유권이나 영업권 모두 팹리스 회사가 가지고 있다.

국내 팹리스 회사들은 아날로그 설계를 하는 팹리스 회사들을 제외하고는 주로 파운드리 비즈니스를 위주로 한다. 그래서 국내 일반인들에게는 COT 비즈니스가 매우 생소하게 들리고 팹리스 회사들은 당연히 파운드리 비즈니스를 한다고 생각한다.

하지만 외국의 경우에는 디지털 반도체를 설계하는 회사들 중에서도 상위권에 속하는 회사들, 예를 들어 대만의 미디어텍Media Tek 같은 회사는 COT 비즈니스를 위주로 한다.

COT 비즈니스를 이용하는 이들 팹리스 회사들은 팹에서 제공하는 셀 라이브러리나 IP 등을 사용하지 않고, 자체 개발한 셀 라이브러리와 IP들을 사용하고 있다. 필자가 보기에 이들은 매우 현명하게 사업을 수행하고 있는 것처럼 보인다.

왜냐하면, 예를 들어 MP3 플레이어에 탑재될 MP3 디코더 칩을 설계한 A라는 회사와 B라는 회사가 F라는 팹 회사와 파운드리 비즈니스를 한다고 치자. 그러면 F라는 팹 회사는 동일한 셀 라이브러리를 A와 B회사에 제공할 것이다. 셀 라이브러리와 IP가 동일한 것이고 제조하는 팹도 동일한 F회사이기에 A회사와 B회사의 MP3 디코더 칩의 품질동작 속도, 다이 사이즈, 전력 소비량 등은 동일할 수밖에 없다. 즉, 기능적인 면에서는 설계 시에 어떤 기능을 더 추가했는지에 따라 다르겠지만, 피차 간에 품질 면에서는 차이점이 없다는 것이다.

그러나 A, B 두 회사가 F회사와 COT 비즈니스를 한다면, 같은 F 회사에서 제조한 MP3 디코더일지라도 A회사와 B회사의 품질이 같을 수가 없다. 왜냐하면 제조 기술은 같지만, 설계 시에 사용한 셀 라이브러리나 IP의 성능이 서로 같지 않기 때문이다. 입력이 다르니 출력이 다를 수밖에 없는 것이다.

실제로 위에서 예를 든 미디어텍과 경쟁 관계인 어느 한 회사는 미디어텍과 동일한 팹을 파운드리 비즈니스로 이용하고 있다. 초기 세계 시장 점유율은 그 회사가 높았으나, 현재는 COT 비즈니스를 이용하는 미디어텍이 압도적으로 높다.

해외의 대표적 팹리스 회사로는 우리나라 모든 휴대폰에 장착되는 핵심 칩인 CDMA 모뎀 칩으로 유명한 퀄컴Qualcomm를 들 수 있고, 국내에서는 상당수의 반도체 설계 벤처 회사들이 이 범주에 든다.

대표적 코스닥 상장 회사로는 코어로직, 엠텍비젼, 텔레칩스 등이 있다. 또 비상장사들 중에 필자가 잠시 몸담았던 MPEG와 같은 비디오 압축 칩에 주력하는 인타임, 그리고 현재 필자가 운영하는 저대기전력 반도체에 주력하는 맥궁반도체 등이 팹리스 회사에 속한다.

3.5 디자인 하우스

앞서 ASIC 사업과 파운드리 사업을 설명하면서 여러 차례 언급되었던 회사로 예전의 ASIC 사업에서는 그림 1.1에서 4~7번까지를 수행했다. 그 당시에는 디자인 센터design center와 디자인 하우스design house로 구분되어 한 개의 디자인 센터가 여러 개의 디자인 하우스를 지원하며, 디자인 하우스에서 설계해 온 반도체 칩을 한 단계 더 깊숙이 내려가 검증을 해서 팹 회사에 넘기는 역할을 했다. 그러나 요즘은 디자인 센터나 디자인 하우스 간에 차이가 없기에 이 책에서는 앞으로 디자인 하우스로 통칭하겠다.

그리고 그 당시에는 합성 툴들이 없었기에 고객시스템 회사이 반도체 칩의 사양을 가져오면 그것에 맞게 게이트 수준에서부터 설계를 시작했다. 요즘 파운드리 사업에서는 시스템 회사나 팹리스 회사에서 게이트 수준까지 설계를 해 오면 그림 1.1에서 5~6번, 즉 P&R과 레이아웃 검증을 주로 수행한다.

그러나 회사에 따라서 3번 합성부터 수행해 주는 회사들도 있다. 그리고 반도체 산업에 익숙하지 않은 고객들에게는 조립과 테스트 등도 대행해 준다. 때문에 독자들 중 반도체 산업을 잘 모르더라도 나름 특별한 반도체 칩을 개발하고자 하는 사람이라면 이런 디자인 하우스를 찾아가면 쉽게 해결할 수 있다.

팹리스 회사에서 5~6번을 직접 수행하지 않고 디자인 하우스를 이용하는 이유는 그 단계에서 사용하는 툴들이 팹리스에서는 사용 빈도가 낮은데다가 무척 고가의 툴들이기 때문이다. 게다가 그 툴을 제대로 사용하기 위해서는 많은 경험이 필요하다. 때문에 팹리스 회사 입장에서는 사용 빈도가 낮은 툴을 비싸게 구입해서 많은 시간을 투자하여 엔지니어를 교육시킬 필요가 없다.

디자인 하우스와 팹리스 회사의 차이는 전자가 자체 칩을 개발하지 않는다는 점이다. 그리고 설계한 반도체 칩에 대한 소유권도 없고 그 칩을 판매하지도 않는다. 단지 고객에게 반도체 설계 '서비스'를 제공한다.

국내에서도 국내 팹을 이용하거나 해외 팹을 이용하는 디자인 하우스들이 많다. 국내의 반도체 설계 회사는 팹리스 회사 다음으로 디자인 하우스가 많다. 따라서 국내 반도체 설계 회사는 모두 팹리스 회사 아니면 디자인 하우스라고 해도 과언이 아니다.

이런 디자인 하우스는 앞서 소개한 팹리스 회사나 뒤에 언급할 IP 회사들보다는 좀 더 많은 자본이 요구된다. 이는 업무 영역이 그림 1.1의 5번, 6번, 즉 P&R과 레이아웃 검증을 필수적으로 수행하는데 여기에 사용되는 소프트웨어들이 매우 고가이기 때문이다. 참고로 그림 1.1의 2~4번까지를 프론트 앤드 디자인front-end design, 5~6번을 백 앤드 디자인back-end design이라 하는데, 백 앤드 디자인은 시간도 오래 걸릴 뿐더러 사용하는 소프트웨어의 가격도 프론트 앤드 디자인 툴보다 몇 배나 비싼 고가이다.

또한 이들 회사는 팹 회사들과 계약을 해야 하는데, 팹 회사들이 어느 정도의 재정 상태를 요구하기 때문이다. 대신에 팹리스 회사보다 매출을 빠른 시간에 올릴 수 있다. 그것은 설계하는 칩이 자신들 것이 아닌 팹리스 회사의 것이기에 칩이 판매되기도 전에 설계 서비스에 대한 매출이 발생하기 때문이다.

게다가 팹리스 회사에서 이미 프론트 앤드 디자인을 끝내고 들어온 것이기에 그만큼 시간적으로도 칩의 판매 시점과 가깝다. 물론 설계 서비스를 수행해 준 팹리스 회사의 칩들이 많이 팔릴수록 디자인 하우스의 매출도 덩달아 올라간다.

3.6 IP 회사

앞서 파운드리 사업을 거론하면서 충분한 설명이 되었으리라 여겨진다. 정리하자면 결론적으로 IP Intellectual Property를 설계하여 팹에 IP를 제공하는 회사이다. 요즘은 팹만이 아닌 팹리스 회사나 시스템 회사에 직접 제공하기도 한다.

파운드리 사업에서 승패는 첫째로 그 팹의 공정 자체가 얼마나 저렴하고 안정적인가에 달려 있고, 그 다음으로 그 팹이 얼마나 쓸만한 IP를 많이 확보하고 있느냐에 따라 판가름 난다고 할 수 있다. 하지만 팹이 COT 사업을 하겠다면 IP는 필요치 않다.

IP 회사들의 업무 영역은 팹리스 회사들과 마찬가지로 그림 1.1에서 1~7번까지, 그리고 14번의 판매이다. 물론 5번, 6번인 P&R과 레이아웃 검증은 디자인 하우스에 맡기기도 한다. 업무 영역이 팹리스 회사와 동일하기 때문에 사용하는 툴들도 최소한 프론트 앤드 디자인 툴들만 구비하고 있으면 된다. 따라서 적은 자본으로도 설립할 수 있는 회사이다.

해외에서는 임베디드 MCUembedded MCU, 반도체 칩 내부에 장착되는 MCU인 암 코어ARM core, ARM processor로 유명한 영국의 암ARM, 임베디드 DSP로 유명한 이스라엘의 DSPG등이 유명하다.

일반인들에겐 암 코어 또는 암 프로세서가 생소할 수 있다. 하지만 사실 일반 가정에서 펜티엄 같은 인텔 칩보다는 암 코어를 더 많이 소유하고 있다.

인텔의 칩은 PC나 노트북에 탑재되어 대부분 가정에 한두 개 정도 있다고 보면 되지만 암 코어는 휴대폰, MP3 플레이어, DMB, PMP 등 곳곳에 탑재되어 있다. 단지 그것이 코어 상태로 존재하기에 우리들이 인지하지 못하고 있을 뿐이다.

예를 들면 우리나라 모든 휴대폰에는 퀄컴의 CDMA용 반도체 칩이 탑재되어 있다. 그런데 그 퀄컴의 칩 내부에는 암 코어가 코어로 장착되어있다. MP3 플레이어의 경우에는 암 코어 혹은 DSPG의 DSP 코어를 장착한 반도체 칩이 사용되는 경우가 많다. ARM이나 DSPG라는 회사의 이름이 생소할지라도 이미 여러분들은 그 회사 제품의 소비자인 것이다.

근래에 DSPG가 DSP 코어 사업부를 매각했다. 프론트 앤드 디자인 툴, 그 중에도 특히 합성 툴로 유명한 시놉시스가 2000년대 초에 백 앤드 디자인 툴로 유명했던 아반티Avant!라는 회사까지 합병하여 설계 툴들을 종합적으로 갖추는 듯싶더니, 최근에는 매우 많은 IP들을 확보하여 IP 종류로 보면 가장 큰 IP 회사가 되었다.

스텐다드 셀 라이브러리Standard Cell Library도 IP라고 앞서서 언급한 바 있다. 줄여서 셀 혹은 셀 라이브러리라고도 하는데, 이는 시스템 IC 중에서도 특히 SoCSystem on Chip 설계 방식을 취하는 모든 설계에 기본적으로 제공되는 가장 기본적인 IP이다.

대표적인 스텐다드 셀 라이브러리 회사로는 초기에 컴파스Compass, ASPEC, 아반티Avant!, 시놉시스Synopsys, 아티산Artisan, 비라지 로직Virage Logic 등이 있었다. 이들 회사는 여러 차례 인수·합병을 통해 2000년대 중반에는 아티산이 세계 1위, 비라지 로직이 세계 2위를 차지했다. 그런데 2000년 중반 EDA회사로 시작해 프론트 앤드 툴에 강했던 시놉시스가 백 앤드 툴에 강했던 아반티를 인수해 아반티 셀 라이브러리도 시놉시스로 합병되었다. 또한 암 코어로 유명한 대표적인 IP 회사 암ARM이 아티산을 인수해 자체 셀 라이브러리를 확보했다.

한편 국내에는 아날로그 IP를 중심으로 몇 개의 IP들을 제공하는 회사들이 명맥을 유지하는 수준이다. 게다가 그나마 팹리스 회사나, 혹은 디자인 하우스를 하면서 생존을 위해 어쩔 수 없이 겸업을 하는 경우가 대부분이며, 아쉽게도 아직 세계적으로 유명한 IP, 소위 말하는 스타 IP를 제공하는 회사는 없다.

그러나 앞으로는 많이 생겨나게 될 조짐이 있다. 이미 국내의 몇 개 회사들은 아직 해외에까지 알려지지는 않았지만 국내에서는 통하는 IP들을 제공하기 시작했다. 앞으로 국내에 IP 회사들이 많이 생겨날 가능성이 큰 이유는 엉뚱하게도 막대한 팹 비용의 증가 때문이다.

언뜻 생각하기에 팹 비용이 증가하는 것과 IP 회사가 많이 생겨나는 것은 전혀 상관이 없는 것처럼 보인다. 이 점을 차근차근 따져 보자.

반도체에서는 디자인 룰이 작아질수록 마스크 비용이 지수 함수적으로 높아진다. 즉, 디자인 룰이 반으로 줄면 마스크 비용이 2배로 올라가는 것이 아니라 훨씬 더 높게 올라간다는 뜻이다. 또한 초기 팹 비용은 마스크 제작비가 대부분을 차지한다고 했다. 마스크 제작비는 그때그때 변하고 팹 회사마다 다르며, 팹 회사에 팹을 맡기는 팹리스 회사의 명성과 신용도에 따라 달라진다.

슈퍼마켓에서 판매하는 과자나 사탕 등과 같은 소매 물건들처럼 희망 소비자 가격이 있는 것이 아니다. 이번 달과 다음 달의 가격이 다르고, 가게마다 다르고, 게다가 물건을 사 가는 사람의 명성이나 신용도에 따라 슈퍼마켓 주인이 가격을 다르게 받는다는 것이다. 더구나 그 가격을 영업 비밀로 취급한다. 그래서 정확한 마스크 제작비를 알 수는 없지만 대략적인 가격으로 예를 들어 보겠다.

요즘 0.13마이크로미터, 즉 130나노미터 디자인 룰의 마스크 제작비는 약 20만 달러 정도이다. 그의 절반인 65나노미터 디자인 룰의 마스크 제작비는 약 100만 달러 정도이다. 디자인 룰은 2배 차이인데 가격은 5배나 차이가 난다. 환율을 이해하기 쉽게 1달러에 1,000원으로 환산하면, 100만 달러는 10억 원이다. 앞에서 반도체 칩 하나 설계하는 데 얼추 1년 정도 소요된다고 했다. 그러면 일반적으로 말하는 반도체 벤처 기업일반인들이 생각하는 벤처 기업과 진짜 벤처 기업은 차이가 있다.

일반인들은 뭔가 첨단 기술을 가지고 고부가 가치 제품을 개발하는 신생 기업을 떠올리지만, 진짜 벤처 기업은 일정 요건을 갖춘 기업을 해당 기관에서 인증해 주는 것이다. 그 일정 요건은 반드시 첨단 기술이 아니어도 되고, 신생 기업이 아니어도 된다. 다만 해당 기관이 요구하는 일정 요건을 갖추기만 하면 된다. 그러나 여기서는 일반인들의 상식을 따라 설명하는 것이 용이하기에 벤처 기업이라는 용어를 사용하겠다. 을 세우는 데 초기 자본금을 10억 원으로 시작하는 경우는 드물다. 보통 5천만 원이나 1억 원으로 시작한다.

설령 10억 원으로 회사를 설립했다 하더라도 마스크 제작비로 사용해야 하기 때문에 1년 동안 그 회사 직원들은 월급 한 푼 가져갈 수 없다. 게다가 1년은 설계가 완료되는 시점이다. 칩을 제조하고, 테스트하고, 시연한 다음 영업을 한다고 치면 빨라야 회사를 설립한 지 1년 반 만에 샘플이 팔리기 시작한다.

시스템 회사에서는 그 샘플을 가지고 시스템 시제품을 만드는데, 또 대략 6개월 정도 소요된다. 즉, 그 반도체 벤처 회사 입장에서는 설립한 지 2년 만에 첫 매출이 나오기 시작한다는 의미다. 2년을 버틸 만한 재력을 가지지 않은 대부분의 회사들은 그래서 투자를 유치하려고 한다.

1990년대 말, 벤처 버블 시기에는 투자를 받아서 이 문제를 극복했다. 그러나 잘 알듯이 그 시절에 벤처 기업에 투자했던 투자자들은 막대한 손실을 입었다. 요즘은 신생 기업에 투자하지 않는다. 신생 기업에 투자를 하는 투자자들이 없는 것은 아니지만 현실적으로는 신생 기업이 투자를 원활히 유치한다는 것은 거의 불가능하다. 최소한 샘플 정도는 들고 가야 투자자가 만나줄까 말까 한다.

그런데 샘플 제조비가 10억 원이다. 그 투자자가 보고 싶어하는 샘플을 만들기 위해 투자를 유치하려 하는데 상대는 샘플을 가져오라고 한다. 닭이 먼저냐, 달걀이 먼저냐의 문제이다. 엔젤 투자자들도 있다. 하지만 엔젤 투자자가 '엔젤angel'이라고 불린다고 진짜 '천사'로 생각해선 안 된다. 그 사람들은 오히려 투자 회사들보다도 훨씬 더 높은 수익을 기대하는 '투자자'이다.

그럼 분수에 맞춰서 130나노미터 디자인 룰을 사용하면 될 것이 아닌가, 라고 의문을 제기할 수 있다. 굳이 없는 처지에 꼭 10억 원이나 하는 65나노미터 디자인 룰을 고집할 필요가 있냐는 것이다. 그러면 왜 반도체 회사들은 없는 살림에도 불구하고 한결같이 작은 디자인 룰을 사용하려 드는 것일까?

반도체에서는 작은 디자인 룰을 사용하면 소비 전력을 낮출 수 있고, 반도체 칩의 동작 속도를 높일 수 있으며, 다이를 작게 만들 수 있다는 장점이 있다. 여기서는 다이의 면적이 줄어드는 것만 살펴보자. 반도체에서는 정확히 비례하는 것은 아니지만 디자인 룰이 줄어들수록 얼추 그에 비례해서 다이 사이즈가 줄어든다.

예를 들어 0.13마이크로미터, 즉 130나노미터 디자인 룰로 칩을 설계했을 때와 65나노미터 디자인 룰로 칩을 설계했을 때를 비교하면, 길이가 절반으로 줄었기에 면적은 1/4로 줄어든다. 즉, 130나노미터 디자인 룰을 사용했을 때 다이가 한 웨이퍼에 1000개 나온다면, 65나노미터 디자인 룰로 제조한 다이는 한 웨이퍼에 4000개가 나온다.

웨이퍼 한 장의 가공비가 1000달러라 가정하면, 130나노미터 디자인 룰을 사용한 회사는 다이 한 개의 가공비가 $1000/1000=$1 해서 1달러가 들었다.

한편 65나노미터 디자인 룰을 사용한 회사는 다이 한 개당 가공비가 $1000/4000=0.25 해서 0.25달러가 들어간 것이다. 계산의 단순화를 위해 수율이나 제조 공정의 가격 차이, 조립 비용, 테스트 비용과 그 외 부대 비용들은 고려하지 않겠다.

A회사는 자금이 부족해서 130나노미터 디자인 룰을 사용하여 마스크 비용이 2억 원약 20만 달러밖에 들지 않았지만, 다이 한 개의 원가는 1달러가 된다. 반면 자금의 여유가 있는 B회사는 마스크 비용은 10억 원약 100만 달러을 들였지만, 다이 한 개의 원가가 0.25달러밖에 되지 않는다.

B회사는 마스크 비용으로 많은 금액을 지불했다. 그러나 마스크는 한번 제작하면 계속 사용할 수 있다. 계속 웨이퍼만 투입하면 된다. 즉, 마스크 제작 비용은 NRE Non-recurring Engineering 비용이 된다.

예를 들어 A, B 두 회사가 각각 4만 개의 다이를 제조했다면, A회사는 40,000/1,000=40 해서 40장의 웨이퍼를 가공해야 한다. 마스크 제작비와 웨이퍼 가공비를 계산하면 ($200,000+$1,000×40)/40,000= $6, 즉 다이 한 개의 원가가 6달러이고, B회사는 10장의 웨이퍼를 가공해야 하므로 ($1,000,000+$1,000×10)/40,000=$25.25, 즉 다이 한 개의 원가가 25.25달러가 된다. 이 경우에는 A회사의 원가가 낮다. 이번에는 A, B 두 회사가 각각 400만 개의 다이를 제조했다 치자. 그러면 A회사는 웨이퍼 4000장을 가공해야 하므로

($200,000+$1,000×4,000)/4,000,000=$1.05,

즉 다이 한 개의 원가가 1.05달러가 되며, B회사는 웨이퍼 1000장을 가공해야 하니까

($1,000,000+$1,000×1,000)/4,000,000=$0.5,

즉 다이 한 개의 원가가 0.5달러밖에 되지 않는다.

그러면 A회사는 B회사에 비해 원가가 두 배나 높다. 어느 회사든 원가가 2배나 차이가 나면 물건을 팔 수 없다. 원가와 판매가에는 차이가 있다. 원가에서 10%만 차이가 나도 그것은 매우 큰 차이다. 그 정도의 차이만으로 시장에서 엄청난 경쟁력을 가지게 된다. 그런데 원가가 2배나니 A회사는 절대로 B회사와 경쟁이 되지 않는다. 경쟁은 고사하고 존립 자체가 힘들다.

자금이 부족해서 좀 더 싼 디자인 룰의 공정을 사용했는데, 오히려 원가는 높아진 것이다. 그렇지만 처음부터 시장이 400만 개에서 시작하는 것은 아니다. 초기 시장에서는 A회사의 원가가 6달러, B회사의 원가가 25.25달러이니 A회사가 초기 시장에 진입해서 돈을 벌어 65나노미터 디자인 룰의 제조 공정을 사용할 수 있다고 가정해 볼 수도 있다. 하지만 이것 역시 곰곰 따져보면 허점이 발견된다.

초기 시장의 규모가 4만 개라 가정해 보자. 그러면 초기 시장에서 A회사의 원가는 6달러, B회사의 원가는 25.25달러가 맞다. A회사가 약간의 이익을 보태 7달러에 판다고 치자. A회사가 7달러에 판다는 소리를 B회사가 들었다. B회사는 얼마에 팔까? 원가는 25.25달러이지만 A회사가 7달러에 파니 손해를 보더라도 같이 7달러에 팔까? 만약 필자가 B회사 사장이라면 원가가 25.25달러짜리라도 2달러에 팔겠다.

언뜻 보면 이렇게 판매하는 것이 팔면 팔수록 손해를 보는 것 같다. 하지만 손해는 아니다. B회사가 2달러에 팔면 자금이 부족한 A회사는 곧 문을 닫을 것이고 B회사는 그 시장을 독점하게 된다. B회사는 곧이어 4만 개의 시장을 400만 개의 시장으로 키워 300%의 이익률을 낼 수 있기 때문이다. 400만 개 시장에서는 원가가 0.5달러이다. 이것이 반도체 업계의 치킨 게임이다.

근래에도 금융 사태 이후 이런 치킨 게임이 일어나 외국 회사들 몇 개가 파산했다. 그러나 다행히도 국내 기업들은 이 치킨 게임에서 살아남았다. 이런 치킨 게임은 비단 반도체 업계에만 있는 것이 아니다. 모든 업계에 공존하는 규모의 경제이다.

이런 이유로 반도체 벤처 기업들은 없는 살림에도 불구하고 있는 돈, 없는 돈을 다 끌어모아서 보다 작은 디자인 룰의 제조 공정을 사용하려 드는 것이다. 그러나 위의 예에서는 그나마 10억 원이라는 자본금을 가진 회사이고, 대부분의 반도체 기업들은 5천만 원 또는 1억 원으로 시작한다.

이런 회사 입장에서는 자신들이 설계한 반도체 칩을 제조할 비용조차 없다. 이런 회사들이 취할 수 있는 길은 앞에서 설명한 MPW 프로그램을 이용하는 것이다. 그러면 마스크 제작 비용을 1/N 하게 되어 저렴한 비용으로 샘플을 제조해 볼 수 있다. 그래서 앞으로는 국내에도 많은 IP 회사들이 생겨날 여지가 있는 것이다.

IP는 반도체 칩의 내부에 탑재될 어느 회로 블록이다. 그래서 굳이 양산용 마스크를 제작할 필요가 없다. MPW로 제조된 샘플을 여러 모로 테스트해서 그 IP가 제대로 동작하는지 확인만 하면 끝이다. 그 다음에 고객에게 판매하는 것은 유형의 반도체 칩이 아닌 무형의 데이터 베이스이다.

앞에서 설명한 RTL 코드일 수도, 게이트 수준의 네트리스트일 수도, 레이아웃 데이터 베이스일 수도 있다. 그러니 자본금이 적은 반도체 회사들은 어쩔 수 없이 본의 아니게 IP 회사로 변신할 수밖에 없다. 물론 그중에 대단한 실력이든 대단한 운이든 거액의 투자를 유치한다면 팹리스 회사의 길을 걸을 수도 있을 것이다.

3.7 마스크 하우스

그림 1.1의 8번 마스크 제작을 해 주는 회사이다. 종합 반도체 회사 중에는 사내에 마스크 제작을 하는 조직을 갖추고 있는 회사들도 있으나, 대개는 독립적인 회사를 일컫는다.

세계적으로 유명한 회사로는 나일론을 발명한 듀퐁DuPont를 들

수 있다. 하지만 이 회사는 2005년 마스크 사업 부문을 매각하여 지금은 토판 포토마스크Toppan Photomask Inc.로 개명하였다. 또한 PK라는 회사도 있다.

3.8 EDA 회사

앞서 제 1장에서 보았듯이 반도체 설계에는 여러 가지 툴tool들이 필요하다. 이 책에서는 반도체 설계 툴들이 소개되었지만 그 외에 제조 공정을 시뮬레이션하는 툴, 트랜지스터를 모델링하는 툴 등 여러 가지 툴이 있는데, EDA 회사란 이런 툴을 제공하는 회사이다.

예전에는 설계하는 툴을 CADComputer Aided Design 툴, 그 설계를 검증하는 툴을 CAEComputer Aided Engineering 툴이라고 구분해서 불렀지만 요즘은 통틀어 EDAElectronic Design Automation 툴이라고 부른다. 즉, EDA회사란 쉽게 말해 소프트웨어를 제공하는 회사이다.

반도체 설계용 EDA 회사로는 지금은 IP 회사로도 입지를 굳힌 미국의 시놉시스Synopsys, 그리고 1990년대 초 세계에서 독보적인 레이아웃 검증 툴인 드라큘라를 만든 ECAD 등을 합병하며 승승장구하여 1990년대 중반까지 압도적으로 우월한 지위를 누렸던 케이던스 Cadence, 마지막으로 멘토 그래픽스Mentor Graphics 같은 회사들이 대표적이다. 예전에 국내에서도 이 분야를 시도한 회사가 있기는 했지만 그다지 성공하지는 못했다. 여전히 우리나라의 반도체 산업에서 취약한 영역 중의 하나이다.

3.9 테스트 하우스

그림 1.1의 10번, 12번을 전문적으로 수행해 주는 회사이다. 반도체는 제조 장비 다음으로 이 테스트 장비가 비싸다. 때문에 팹리스 회사나 디자인 하우스가 이런 장비를 구입하기에는 부담이 되므로 이 회사에게 전적으로 테스트를 의뢰한다.

국내에서도 팹리스 회사가 늘어남에 따라 테스트 하우스도 점차 늘어나는 추세이다. 하지만 국내외를 통틀어 아직 이렇다 할 큰 테스트 전문 회사는 없다. 우리나라에도 소규모로 여러 회사가 존재하고 있다. 초기 반도체 벤처로서는 테스트 비용도 부담이 만만치 않다.

무료는 아니지만 비영리 기관으로서 아주 저렴하게 반도체 테스트를 수행하는 기관으로는 전자부품연구원KETI이 있고, 그 외에 앞서 소개했던 IT-SoC, 충북 테크노파크 등에서도 이런 반도체 테스트 관련한 프로그램들이 있는 것으로 알고 있다. 그림 1.1의 13번 신뢰성 테스트를 수행하는 테스트 회사들도 있으나 그리 많지는 않고, 필자가 몇 차례 이용했던 QRT반도체 등이 있다.

3.10 장비 회사

대체로 반도체 장비라 하면 반도체 제조 장비를 떠올린다. 그리고 그것이 맞다. 왜냐하면 가장 비싸기 때문이다. 여기서 말하는 장비 회사는 그 외에도 테스트 장비나 설계에 필요한 워크스테이션workstation 등을 전문적으로 제공하는 회사이다.

장비마다 각각 유명한 회사들이 있는데, 일본의 니콘은 반도체 제조에서 핵심인 마스크를 웨이퍼에 찍는 포토 장비 스테퍼stepper로 독보적이며, 썬SUN이나 HP는 설계용 워크스테이션으로 유명하다. 하지만 요즘은 리눅스가 보편화되고 PC 성능이 좋아져서 굳이 워크스테이션을 사용하지 않아도 반도체 설계에는 별 지장이 없다.

이 분야 역시 우리나라의 반도체 산업에서 가장 취약한 영역 중의 하나이다. 국내에서는 아직 이렇다 할 큰 장비 회사는 없고, 제조나 테스트의 핵심 장비에 소요되는 주변 장비들을 제작하는 회사들은 꽤 있는 것으로 알고 있다.

3.11 웨이퍼 회사

이 책에서는 언급되지 않았는데, 자연 상태의 실리콘Silicon, Si, 규소을 녹여서 순도를 매우 높인 실리콘 기둥을 만들고, 그 기둥을 약 1밀리미터 두께로 얇게 썬 다음 원판 모양으로 만들어 팹에 제공하는 회사이다.

이 실리콘 기둥을 잉고트ingot라 하는데, 이것의 지름이 곧 웨이퍼의 지름이 된다. 세간에서 일컫는 8인치 웨이퍼니, 300밀리미터 웨이퍼니 하는 것은 곧 이 실리콘 기둥의 지름을 말한다. 현재 일본 기업들이 세계 시장의 약 60퍼센트 정도를 점유하고 있다.

좀 더 이해하기

"반도체 제대로 이해하기", 강구창, 지성사, 2005. 10 중에서

1 포토 작업

마스크를 이용하여 웨이퍼에 트랜지스터 형태를 현상 및 인화하는 작업. 필름을 인화하는 것과 같은데, 인화지 대신 웨이퍼를 사용한다고 보면 된다.

"7. 반도체는 판화다", pp88-126

2 PG 데이터

레이아웃 데이터를 이용하여 마스크를 제작할 수 있는 형태로 바꾼 데이터.

"7. 반도체는 판화다", pp88-126

3 PCB(Printed Circuit Board)

반도체 칩을 붙일 수 있는 기판.

"1. 회로를 인쇄한다고?", 그림 1.1, 그림 1.2, p13

4 메탈 공정

반도체에서 트랜지스터와 트랜지스터를 연결시키는 메탈을 덮고 깎아내는 공정.

"7. 반도체는 판화다", pp88-126

5 워크스테이션(workstation)

메인 프레임 보다는 크기나 성능이 낮지만 PC보다는 성능이 높은 소형 컴퓨터. 생김새는 PC와 같다.

쉬어가는 글

실리콘 대 실리콘

실리콘Si, 규소이란 반도체 재료로 사용되는 단단한 물질이다. 규소는 지구상에 아주 흔한 물질인데, 결합성이 뛰어나 순수하게 단독으로 존재하지는 않고 산소와 결합한 이산화규소나 실리카 형태로 존재한다. 우리가 흔히 보는 유리나 거울은 이산화규소SiO_2인데, 실리콘 웨이퍼도 거울만큼은 아니지만 사람 얼굴이 비춰질 만큼 반들반들하고 단단하다.

그런데 이러한 실리콘이 사람의 성형 수술에 사용되는 물질로 알려져 있다. 그 단단한 실리콘을 사람의 몸속에 주입하면 피부가 찢어지지 않을까? 필자도 혼란스러웠던 적이 있었다.

반도체에 사용하는 실리콘은 영어로는 'silicon'이라 하여 단일 원소이다. 즉, 우리가 주기율표에서 보는 단일 원소 Si이다. 실제로 반도체에 사용되는 실리콘은 99.9999퍼센트 이상으로 아주 순도가 높은 고체 상태의 물질이다. 반면 성형 수술에 사용되는 실리콘은 영어로는 'silicone'이라 하는데, 단일 원소가 아닌 규소의 유기 화합물이며 화합물의 성분과 비율에 따라 겔gel이나 졸sol 상태를 띤다. 그러니까 영어로는 철자가 다르지만 한글로 표기하면 같은 낱말이 되는 셈이다.

CHAPTER 4

: 반도체 사업 형태에 따른 회사 간의 업무 영역과 업무의 흐름

4.1 종합 반도체 회사에서의 업무 흐름

매우 간단하다. 그림 4.1에서 보듯이 필요한 반도체 칩의 성능과 사양을 결정하고 그 칩에 관한 설계, 제조, 조립, 테스트 등을 총괄하여 생산하는 곳이 종합 반도체 회사이다. 그리고 생산된 반도체 칩은 시스템 업체에 판매된다.

시스템 업체란 PC, 냉장고, TV 등과 같은 완제품을 만드는 회사이다. 뿐만 아니라 반도체 회사의 수요자로는 보드 업체를 들 수 있다. PC의 예를 들면 메인 보드main board를 만드는 회사나 그래픽 카드를 만드는 회사 등이 이에 해당한다. 반도체 칩의 수요자는 이렇게 시스템 업체와 보드 업체들인데 이 책에서는 편의상 시스템 회사라고 통칭하겠다.

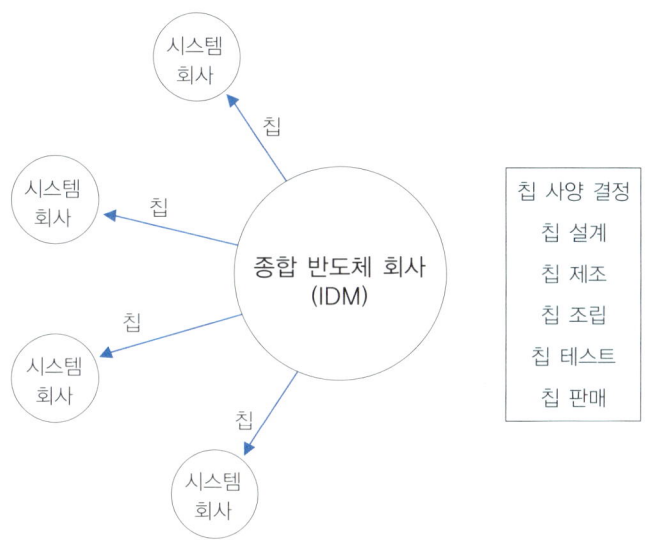

그림 4.1 종합 반도체 회사의 업무

4.2 ASIC 사업 형태에서의 업무 흐름

ASIC Application Specific Integrated Circuit 사업 형태는 다음과 같다.

그림 4.2와 같이 시스템 회사가 자신이 필요로 하는 반도체 칩의 사양specification을 정해서 디자인 하우스에 반도체 칩 설계를 의뢰하면, 디자인 하우스는 팹으로부터 제공받은 셀 라이브러리와 IP들을 이용하여 주문받은 사양의 반도체 칩을 설계한 다음 팹에 칩의 제조를 의뢰한다. 팹에서는 디자인 하우스로부터 받은 설계 DB를 가지고 반도체 칩을 제조하여 테스트 하우스에 웨이퍼 수준의 테스트를 의뢰한다. 테스트 하우스가 테스트를 통하여 잘못 제조된 다이die를 골라 잉킹inking을 한 후 조립 회사에 보내면 조립 회사는 잉킹된 다이들을

제외한 정상 다이들을 골라서 조립한 다음, 조립이 완성된 칩을 다시 테스트 하우스에 보낸다.

테스트 하우스가 최종 테스트를 통해 조립 과정에서 잘못된 칩들을 솎아 내 팹에 보내면 팹은 그 칩들을 디자인 하우스에 보내고, 디자인 하우스는 애초에 그 칩의 설계를 의뢰했던 시스템 회사에 보낸다.

이런 사업 형태business model를 통해 제조된 칩을 ASIC 칩이라 하는데, 그림 4.2에서는 그 칩의 판매 과정을 찾아볼 수 없다. 즉, ASIC 칩은 수요자가 한 회사뿐이다. 이런 ASIC 칩은 시중에서 구입할 수 없다. 많은 사람들이 시스템 IC 또는 ASSPApplication Specific Standard Product 칩을 ASIC 칩과 혼돈하고 있다는 말을 이미 앞에서 언급한 바 있다. 그 차이는 뒷장에서 설명하겠다.

어쨌든 ASIC 칩은 설계 의뢰자가 수요자이고, 다른 사람이나 회사는 그 칩을 구입할 수도 없고 필요하지도 않은, 단지 의뢰한 회사에

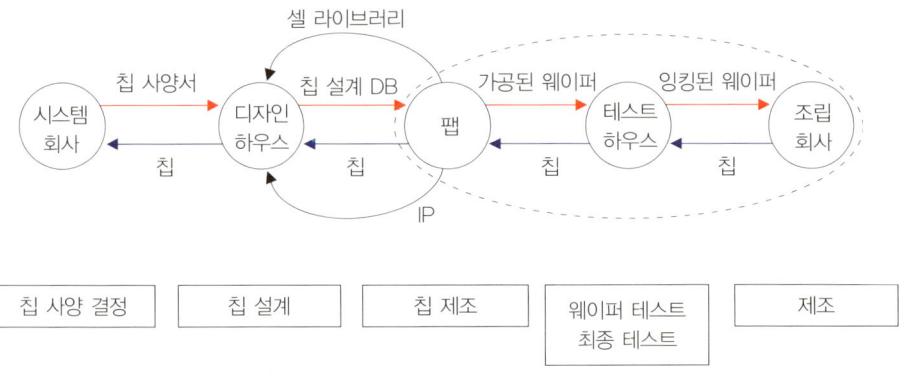

그림 4.2 ASIC 사업 형태에서의 업무 흐름도

만 적합한 반도체 칩을 의미한다.

그리고 그림 4.2에서 점선으로 표시된 테스트와 조립은 매번 동일하고, 팹 회사들은 대부분 조립과 테스트 업무까지도 수행하므로 앞으로 이 부분은 생략하겠다.

4.3 COT 사업 형태에서의 업무 흐름

COT_{Customer Owned Tooling} 사업 형태에서는 팹을 보유하지 않은 팹리스 회사가 팹으로부터 팹 정보를 제공받아 제조가 가능하도록 설계를 하여 팹에 제조를 의뢰하고, 제조된 칩을 받아 자기가 여러 시스템 회사에 판매를 한다.

이런 사업 형태에서 나온 반도체 칩을 ASSP_{Application Specific Standard}

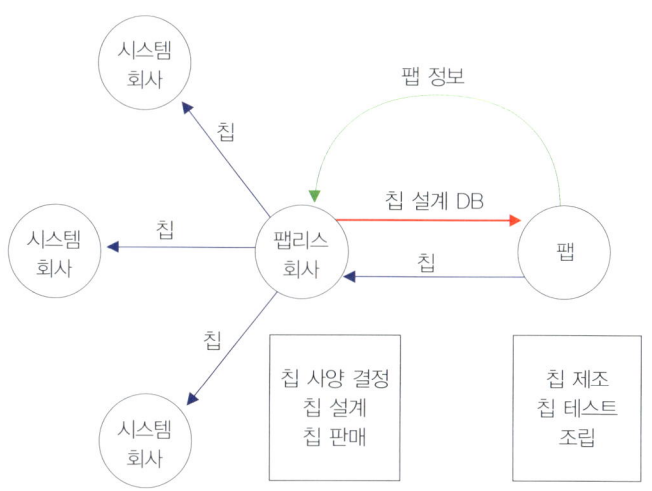

그림 4.3 COT 사업 형태에서의 업무 흐름도

Product라고 한다. 물론 뒤에 언급할 파운드리 사업 형태에서 나온 칩도 역시 ASSP 칩이다. 이런 반도체 칩은 모든 회사가 구매할 수 있다.

다시 말해 ASSP 칩은 ASIC 칩과는 달리 한 회사에만 맞게 설계된 것이 아니라 여러 회사가 사용할 수 있도록 범용성을 가지는 반도체 칩이다. 그래서 '스텐다드'라는 말이 붙어 있는 것이다.

4.4 파운드리 사업 형태에서의 업무 흐름

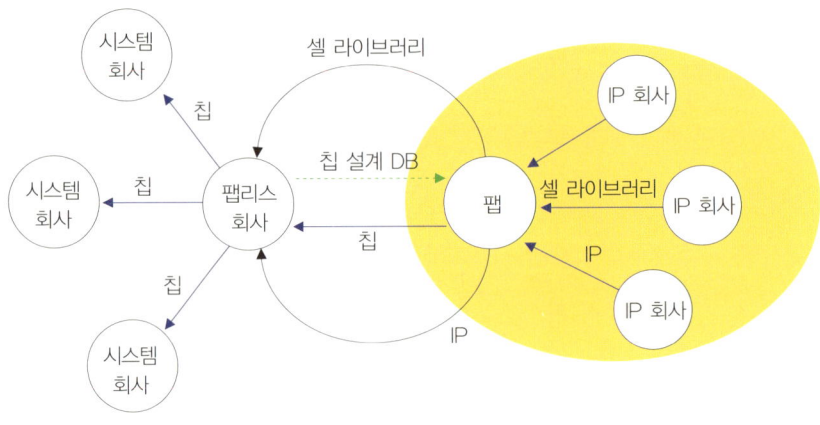

그림 4.4 파운드리 사업 형태에서의 업무 흐름도 1(ASSP 칩의 경우)

그림 4.4에서처럼 팹리스 회사가 반도체 팹으로부터 셀 라이브러리와 IP를 제공받아 반도체 칩을 설계한 후 팹에 설계 DB를 보내면 팹에서 반도체 칩을 제조하여 다시 팹리스 회사에 보내고, 팹리스 회

사는 그 칩을 자신의 이름으로 시스템 회사들에게 판매한다. 이런 방식으로 만들어진 반도체 칩이 ASSP 칩이다.

따라서 팹리스 회사는 ASIC 칩과는 달리 가급적 많은 회사들이 자신들의 고객이 될 수 있도록 여러 회사들이 사용할 수 있는 반도체 칩을 설계하려고 노력한다.

그리고 노란색 부분의 IP 회사들과 팹 간에는 COT 사업으로 서로 IP나 셀 라이브러리를 제공하고 제공받는다. 즉, 팹리스 회사는 팹에 등록된 셀 라이브러나 IP들 중에서 자신이 선호하는 것을 골라서 제공받는다.

이 셀 라이브러리는 팹의 소유일 수도 있으나 IP 회사의 소유인 것들이 더 많다. 즉, 팹에 '존재' 하는 셀 라이브러리와 IP들인 것이다.

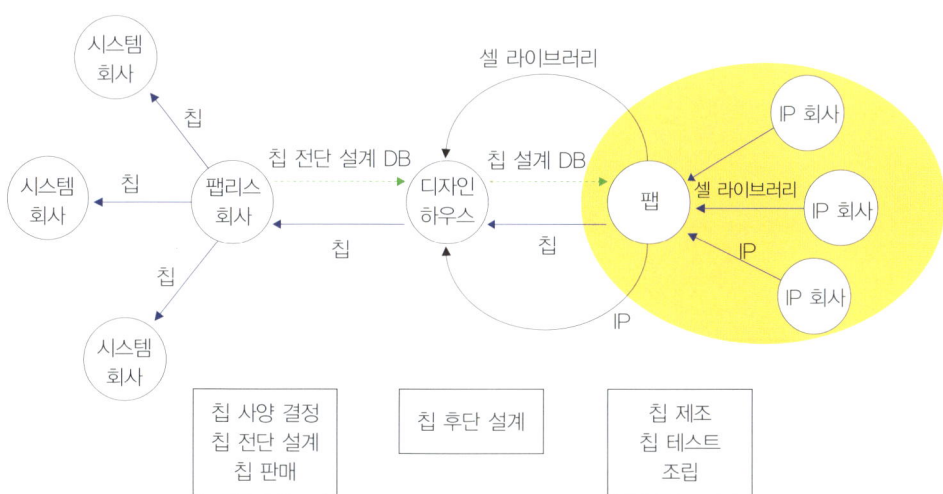

그림 4.5 파운드리 사업 형태에서의 업무 흐름도 2(ASSP 칩의 경우, 디자인 하우스를 통할 때)

ASIC 사업에서는 팹이 '소유'하고 있는 셀 라이브러리와 IP들을 제공받는다.

그림 4.5는 팹리스 회사가 디자인 하우스를 통해서 ASSP 칩을 개발하는 경우이다. 앞에서 설명했듯이 보통은 팹리스 회사에서 프론트 앤드 디자인front-end design이라고 부르는 전단 설계만 하고 디자인 하우스에 백 앤드 디자인back-end design이라 부르는 후단 설계를 의뢰한다. 전단 설계는 그림 1.1에서 1~4번에 해당하는 상위 수준 기술부터 게이트 수준 시뮬레이션이고, 후단 설계는 그림 1.1의 5~6번에 해당하는 P&R과 레이아웃 검증 단계이다. 레이아웃 검증 후 그림 1.1의 7번에 해당하는 포스트 시뮬레이션은 통상적으로 팹리스 회사에서 수행한다.

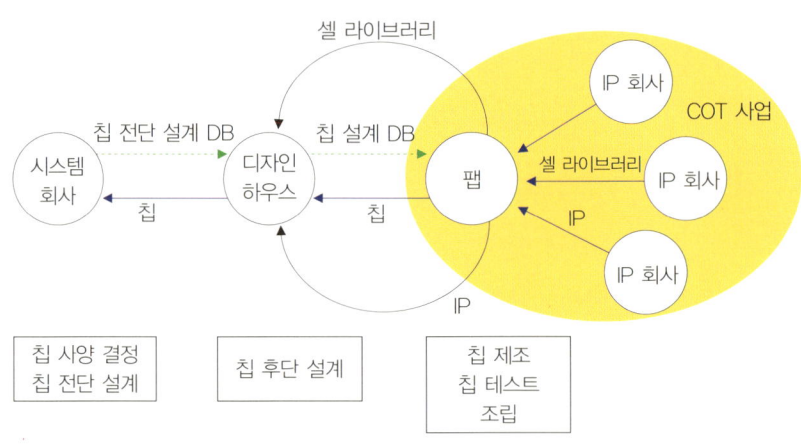

그림 4.6 파운드리 사업 형태에서의 업무 흐름도 3(ASIC 칩의 경우, 디자인 하우스를 통할 때)

파운드리 사업 형태에서는 그림 4.4의 경우보다 그림 4.5와 같이 디자인 하우스와 공동으로 개발하는 경우가 대부분이다. 그 이유는 앞에서도 언급했듯이 후단 설계에 사용하는 툴이 팹리스 회사로서는 사용하는 빈도수가 낮고 값도 비싼 데다가 배우는 데 시간도 많이 소요되기 때문이다.

이런 파운드리 사업 형태로 ASIC 칩도 개발하는데 그 과정은 그림 4.6과 같다. ASIC 칩이므로 별도의 판매 행위가 없다. 그림 4.6을 그림 4.2의 ASIC 사업 형태와 비교해 보자. 그림 4.6은 그림 4.2의 점선 안에 있는 테스트 하우스와 조립 회사를 생략한 것이라 생각하고 비교해 보면 거의 유사하다. 시스템 회사에서 칩의 전단 설계를 하는 것이 좀 다를 뿐이다.

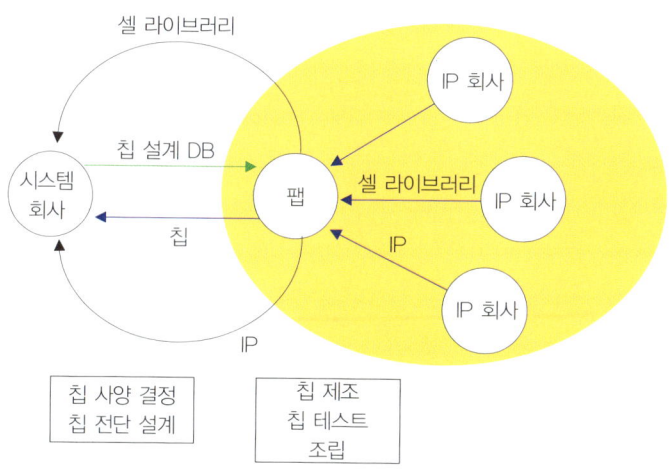

그림 4.7 파운드리 사업 형태에서의 업무 흐름도 4(ASIC 칩의 경우)

여기서 다른 점은 디자인 하우스가 제공받는 셀 라이브러리와 IP들은 팹이 '소유' 하고 있는 것들이 아니라 팹에 '존재' 하고 있는 것들, 즉 팹에 '등록' 된 것들이라는 점이다. 그래서 디자인 하우스나 시스템 회사에서는 예전의 ASIC 사업 형태와 거의 차이를 느끼지 못한다. 그런데 그림 4.6의 노란 부분에서처럼 팹과 IP 회사들 간에는 COT 사업 형태로 사업이 이루어지고 있다.

비교적 자금 능력이 있는 시스템 회사의 경우 후단 설계에 필요한 툴들과 그 툴에 익숙한 엔지니어를 보유하고, 그림 4.7과 같이 디자인 하우스를 통하지 않고 직접 팹과 연계하여 개발하기도 한다. 그래서 간혹 대기업에 다니는 사람 중 소속이 반도체 부문이 아닌데 반도체 설계를 하는 사람이 있다. 이런 경우가 이에 해당된다.

쉬어가는 글

그림 4.8 해남 우항리 공룡 발자국 화석

봉이 김선달과 지구 온난화

그림 4.8은 필자가 지난 여름에 다녀온 해남 우항리의 공룡 발자국 화석이다. 우리나라에는 해남 말고도 고성, 울주 등지에 공룡 발자국 화석이 많다. 참고로 공룡 화석이 이렇게 집중적으로 많이 발견된 예는 세계에서 우리나라가 유일하다고 한다.

공룡이 살았던 수억 년 전 한반도는 우리가 영화 쥬라기 공원에서 보았듯이 양치류가 밀림처럼 우거진 열대 지역이었다고 한다. 원래 열대 지역이었던 곳이 잠시 기후가 바뀌었다가 다시 열대 지역이 된 셈일 뿐인데 요즘 근해에서 아열대 어종이 잡힌다고 히스테리컬하게 반응할 필요가 있는 것일까?

139

쉬어 가는 글

수억 년이 너무 멀게 느껴지면, 울주 반구대 암각화는 어떠한가? 필자가 아직 가 보지는 못했지만 그 암각화는 불과 3000년 전 청동기 시대의 것이라고 한다. 현재 반구대는 한때 고래잡이로 유명했던 장생포 해안에서 26킬로미터나 떨어진 내륙에 자리 잡고 있다. 그런데 3000년 전에 그곳까지 고래가 드나들 정도의 바닷물이 들어오려면 그만큼 해수면이 높았다는 뜻이다. 해수면이 높아지려면 지각이 융기했거나 남극 또는 북극의 빙산이 현재보다 많이 녹아 있어야 하는데, 3000년이라는 시간은 해안선이 26킬로미터까지 후퇴할 정도로 지각이 융기하기에는 너무 짧은 시간이다.

그러므로 가능성은 결국 빙산이 지금보다 많이 녹았다는 것으로 볼 수밖에 없다. 이런 상황에서 요즘 빙산이 녹아내린다고 호들갑을 떨어야 하는 것일까? 만약 인류가 지구 온난화를 지연시켰다 하자. 그런데 지구는 원래 빙하기와 간빙기가 교차되지 않았던가? 인류가 각고(?)의 노력 끝에 간빙기를 100년쯤 미루었다 하자. 그러면 그로 인한 지구 생태계의 혼란은 없는 것일까?

이런 개인적인 의문을 한층 더 부추기는 연구 결과가 2009년 12월 지구물리연구지 geophysical Research Letters에 발표되었다는 신문 기사 조선일보, 2010. 1. 5일자를 읽었다. 스위스 취리히 공대에서 현재 기록이 남아 있는 1914년부터 스위스 알프스 지역의 빙하 두께를 연구했더니 기온은 요즘이 더 높은데, 빙하 두께는 기온도 낮고 공해도 더 적었던 1940년대에 오히려 가장 얇았다는 것이다. 이 기사에 따르면 그때는 공해가 적었기 때

쉬어가는 글

문에 단파장의 햇빛 투과율이 더 높아 빙하가 빨리 녹았다는 것이다. 그 연구진도 이번 연구 결과로 인해 필자처럼 최근 10년간 지구촌의 빙하가 유례없이 빠르게 녹고 있다는 '전형적인 주장'에 의문을 갖게 되었다고 한다.

아뭏든 필자의 이런 의문들과는 상관없이 이미 이산화탄소 배출은 국제 협약에 의해 규제되고 이산화탄소 배출권이 돈을 주고 국제적으로 매매되고 있다. 사람이 숨만 쉬어도 배출되는 것이 이산화탄소이니, 대동강 물을 팔아먹은 봉이 김선달도 머리를 숙일 일이다.

우리나라로서는 유리한 면도 있다. 몇 십 년 전 우리에게 원자력 발전 기술을 전수해 주었던 미국이 이제는 도리어 우리에게 원자력 발전 기술자들의 파견을 요청한다는 신문 기사를 읽은 적이 있다. 미국에서는 지난 몇 십 년간 환경보호론자들과 여론의 반대에 부딪혀 원자력 발전소 건설을 하지 못했고, 그러다 보니 이제 그런 경험을 갖고 있는 기술자가 없다는 것이다.

이 얼마나 아이러니컬한 일인가? 반백 년 전 세계 최초로 원자 폭탄을 만들어 제2차 세계 대전을 종료시키고 몇 십 년 전 우리에게 원자력 발전소 건설 기술을 전수했던 원자력의 종주국이 우리에게 도움을 요청하고 있으니······.

그런데 이러한 상황이 우리에게 왜 유리한가? 원자력 발전은 화력 발전과 달리 이산화탄소를 배출하지 않으니, 그에 합당만 만큼의 이산화탄소 배출권을 가져오거나 팔 수가 있기 때문이다.

쉬어가는 글

다시 말해 우리가 외국에 원자력 발전소를 건설해서 그만큼의 발전량에 해당하는 화력 발전소의 이산화탄소 배출권을 가져와 그것을 국내에서 공장 가동에 사용하거나 아니면 다른 나라에 다시 되팔 수 있다는 이야기이다. 봉이 김 선달의 후예들이니 아마 잘 할 수 있지 않을까?

이미 2009년 말 UAE에서 원자력 발전소 건설 사업을 수주하지 않았던가?

CHAPTER

5

: 반도체의 분류

왜 똑같은 반도체 칩을 두고 어떤 때는 ASSP 칩이라 부르고, 어떤 때는 시스템 IC 또는 디지털 칩이라 부르는가?

이전에 『반도체 제대로 이해하기』에서도 들었던 예를 다시 들어보겠다. 자, 여기에 포도, 사과, 귤, 복숭아, 배, 수박, 참외, 딸기가 있다. 여러분에게 이것들을 나름대로 분류하라고 하면 어떻게 하겠는가?

분류하는 방법이 여러 가지일 것이다. 표 5.1과 같이 A, B, C 세

	A	B	C
1	포도	수박, 참외, 딸기	딸기
2	딸기	포도, 사과, 귤, 복숭아, 배	포도, 수박, 참외, 복숭아
3	사과, 귤, 복숭아, 배, 참외		사과, 배
4	수박		귤

표 5.1 A, B, C 세 사람의 분류

사람이 이것들을 분류했다고 가정해 보자.

여러분이 보기에 이 사람들은 각각 무슨 기준으로 과일들을 분류한 것 같은가? 또 누구의 분류법이 마음에 드는가?

A는 과일 한 알의 크기를 기준으로 작은 것부터 큰 것까지 분류한 것이다. B는 과일이 열리는 식물이 넝쿨인지, 나무인지를 기준으로 삼았다. 반면 C는 과일이 열리는 계절을 기준으로 나누었다. 누구의 분류법이 맞을까?

정답은 없다. 분류한 목적에 따라 해답은 달라진다. 표 5.1에서 포도는 A의 기준에 따르면 1번이고, B, C의 기준에 따르면 2번이 된다. 수박은 사람에 따라 4번, 1번, 2번이 된다.

반도체 칩도 이와 같다. 어떤 기준으로 분류하느냐에 따라 이 칩과 저 칩이 같은 범주에 들기도 하고 다른 범주에 들기도 한다. 실례를 들어서 설명하기 전에 독자들의 이해를 돕기 위해 몇 가지 반도체 칩들의 기능을 간략하게 설명하겠다.

먼저 메모리memory 칩은 데이터를 기억하는 기능이 있다. 메모리 칩의 종류에는 DRAM[1], SRAM[2], 플래시flash 메모리[3]가 있다. MCUMicro Controller Unit는 뭔가 판단하고 조정하는 기능을 한다. PC에 장착된 펜티엄 같은 칩은 MPUMicro Processor Unit라 하는데, MCU는 MPU보다 기능이 다소 떨어지는 MPU의 축소형 정도라고 이해하면 된다. DSPDigital Signal Processor는 MPU, MCU와 비슷한데 특별히 계산을 위주로 하는 반도체이다.

사실 요즘 MCU와 DSP 간의 차이가 점점 더 모호해지고 있다. 그것은 MCU와 MPU에서는 DSP 기능을 점점 더 보강하고, DSP는 점점 더 MCU, MPU 기능을 보강하고 있기 때문이다. 아무튼 연산에 더 적합한 칩이라 생각하면 된다.

DAC Digital to Analog Converter는 디지털[4] 신호를 아날로그[5] 신호로 바꾸어 주는 반도체 칩이고 반대로 ADC Analog to Digital Converter는 아날로그 신호를 디지털로 바꾸어 주는 반도체 칩이다. MP3 디코더는 잘 아시겠지만 MP3로 압축된 음악을 풀어 주는 반도체이고, MPEG 디코더는 압축된 동영상을 풀어 주는 반도체 칩이다.

사실 MPEG은 예전에 PC에서 많이 사용하던 MPEG1, HDTV나 DVD에 사용되는 MPEG2, 요즘 인터넷에 주로 사용되는 MPEG4, DMB에 사용되는 MPEG4 part10 또는 H.264로 각각 나뉘어지는데 그냥 여기서는 MPEG라 통칭하겠다.

MP3도 사실은 MPEG1 Audio Layer3, MPEG2 Audio Layer3로 구분이 있는데 일반인들이 많이 사용하는 용어로 그냥 MP3라 하겠다. 비디오나 음악을 압축시키는 칩을 인코더 encoder, 압축을 풀어 주는 칩을 디코더 decoder라 하고 인코더와 디코더가 같이 있는 칩을 코덱 codec이라 하는데, 요즘은 그냥 인코더나 디코더 중 하나의 기능만 가지고 있어도 코덱이라 통칭한다. 또 아날로그 분야에서는 ADC, DAC도 코덱이라 부른다.

사람이 느끼는 오감, 즉 시각, 청각, 미각, 후각, 촉각은 모두 아날로그적으로 작동한다. 말하자면 사람이 뭔가를 인식하고 느끼는 것은 모두 아날로그 신호들인 것이다. 그리고 그 중에서 현재까지 인류가 아날로그적이든 디지털적이든 전기 신호로 바꾸는 데 성공한 것은 시각과 청각이다.

그래서 아무리 시설이 뛰어난 최신 영화관이라도 입체 영상이니 돌비Dolby 시스템이니 하여 영상과 음향은 훌륭하게 감상할 수 있지만, 영화에 나오는 음식의 맛이나 배우가 입은 옷의 촉감, 그리고 여배우의 향수 냄새는 느끼지 못하는 것이다.

위에서 소개한 칩들의 응용 과정을 간략하게 예를 들어 설명하자면, 우선 인기 가수가 마이크를 통해 음반을 제작할 때 마이크를 통해 입력되는 소리를 그대로 저장하면 우리가 흔히 레코드판이라 부르는 LP판이 된다. 이는 아날로그 데이터이다.

그런데 마이크를 통해 입력되는 소리를 ADC에 통과시키면 사람의 아날로그 목소리가 디지털로 바뀐다. 그 디지털 데이터를 그대로 저장한 것이 음악 CD이다. 그리고 그 디지털 데이터를 MP3 인코더를 사용하여 압축시키면 MP3 데이터가 되는 것이다.

다시 이 MP3 음악을 MP3 디코더를 통하면 압축된 디지털 데이터가 풀려서 압축되지 않은 디지털 데이터가 되고, 이 디지털 데이터가 스피커를 통하면서 스피커 내부의 DAC가 디지털 신호를 아날로그 신호로 바꾸어 주기에 사람의 귀에 음악이 들리는 것이다.

MPEG도 마찬가지이다. 카메라에서 받은 아날로그 신호를 ADC

가 디지털로 바꾸고, 그 디지털 데이터를 MPEG 인코더가 압축시켜 MPEG 파일을 만든다. 반대로 압축된 영상을 볼 때는 MPEG 디코더가 압축된 디지털 신호를 풀어서 압축되지 않은 디지털 데이터로 변환시켜 주고, 그 디지털 데이터를 DAC가 아날로그 신호로 바꾸어서 모니터에 뿌려 주기에 사람의 눈에 영상이 보이는 것이다.

사람의 눈과 귀는 아날로그 신호만을 받아들인다. 우리가 MP3 플레이어를 들을 때 MP3의 버튼을 누르면 MCU가 어느 버튼이 눌렸는지 판단해서 음악을 들려 주든지 멈추든지 한다. 그리고 음량의 크기 역시 MCU가 판단하여 조절해 주는 것이다.

자, 이제 이러한 기초 상식을 가지고 반도체 칩들을 분류해 보자.

5.1 아날로그 반도체와 디지털 반도체

아날로그 반도체와 대비되는 것은 디지털 반도체이다. 위에 소개한 반도체 칩들을 분류하면 표 5.2와 같이 된다. 당연히 아날로그 신호와 관련된 ADC, DAC는 아날로그 반도체 칩이고 나머지는 디지털 반도체 칩이 된다. 그런데 ASIC 칩은 주문자가 무엇을 주문했느냐에 따라 아날로그 칩이 되기도, 디지털 칩이 되기도 한다. 당연하지 않은가? 주문자가 시중에 판매되는 ADC가 마음에 들지 않아 자기 구미에 맞게 사양을 만들어서 주문하면 아날로그 반도체 칩에 속한다. 대부분이 디지털 칩이기에 ASIC 칩을 아날로그 반도체와 대비되는 용어로 혼동하고 있는 사람들도 가끔 있지만 사실은 그렇지 않다.

아날로그 반도체	디지털 반도체
	메모리 반도체
ADC	MCU
DAC	DSP
ASIC 칩	MP3 코덱
	MPEG 코덱
	ASIC 칩

표 5.2 아날로그 반도체와 디지털 반도체의 예

5.2 범용 반도체와 ASSP/ASIC 반도체

범용 반도체	ASSP/ASIC 반도체
메모리 반도체	
MCU	MP3 코덱
DSP	MPEG 코덱
ADC	ASIC 칩
DAC	

표 5.3 범용 반도체와 ASSP/ASIC 반도체의 예

범용 반도체general purpose IC란 다양한 기기에 공히 사용되는 반도체를 말한다. 메모리는 PC, 디지털카메라, 전기밥솥, 자동판매기 등 다양한 곳에 사용된다. 그리고 MCU나 DSP 같은 반도체 칩도 그것을 구동시키는 펌 웨어firmware만 바꾸어 주면 냉장고, 자동판매기, MP3 플레이어, 전기밥솥, 디지털카메라 등에 사용될 수 있다.

ADC, DAC도 아날로그 신호를 디지털 신호로 서로 바꾸어 주는

분야에서는 마이크, 스피커, 디지털카메라 등 어디나 사용된다. 그래서 범용 반도체로 분류된다.

범용 반도체와 대비되는 개념은 비범용 반도체가 아니라 ASSP/ASIC 반도체이다. ASSP Application Specific Standard Product나 ASIC Application Specific IC이라는 이름에서 알 수 있듯 특정 분야에만 사용되는 반도체 칩이다.

예를 들어 전기밥솥에 MP3 코덱을 사용하여 밥을 짓거나 냉장고에 MPEG 코덱 칩을 사용하여 음식물을 냉동시킬 수는 없다. MP3 디코더는 MP3 음악을 듣고자 하는 응용 분야에서만 필요하고, MPEG 디코더는 MPEG 동영상을 보고자 하는 분야에서만 필요하다.

이처럼 응용 분야가 한정된 반도체를 ASSP 칩 또는 ASIC 칩이라고 한다. ASSP 칩과 ASIC 칩의 차이는 앞에서 이미 설명한 바 있다.

5.3 메모리 반도체와 시스템 IC

메모리 반도체와 대비되는 용어는 시스템 IC Integrated Circuit, 집적회로이다. 예전에는 시스템 IC라는 말 대신 비메모리 반도체 non-memory IC라는 용어를 사용했었는데, 용어 자체가 부정적인 의미가 있어서 1990년대 중반부터 시스템 IC라는 말을 사용하기 시작했다.

메모리 반도체에는 독자들도 많이 들어 본 DRAM, SRAM, 플래시 메모리 flash memory 외에도 ROM Read Only Memory[6], EPROM Electrical Pro-grammable Read Only Memory[7], E^{2}PROM Electrically Erasable programmable

메모리 반도체	시스템 IC
	MCU
	DSP
	ADC
메모리 반도체	DAC
	MP3 코덱
	MPEG 코덱
	ASIC 칩

표 5.4 메모리 반도체와 시스템 IC의 예

Read Only Memory[8] 등이 있다. 이것들 외의 모든 반도체들이 시스템 IC 이다. 우리나라 사람들이 많이 착각하고 있는 것 중 하나는 우리나라 가 반도체 최강국이라는 것이다. 하지만 사실은 그렇지 않다. 우리나 라가 자랑하는 분야는 메모리 반도체뿐이다.

메모리는 표 5.4에서 보듯이 반도체의 수많은 분야 중 하나일 뿐 이다. 물론 메모리는 그 범용성 때문에 비록 한 가지 분야이지만 물량 으로는 최대이다. 그렇다고 모든 반도체 분야를 다 합친 것보다 물량 이 많다는 의미는 아니다. 각각의 분야를 일대일로 보았을 때 그렇다 는 얘기다.

PC를 예로 들어 보자. 가장 핵심이 되는 펜티엄 칩은 한 개이지만 메모리는 여러 개가 들어가 있다. 메모리에서도 모든 메모리가 아니라 DRAM과 플래시 메모리에서 우리나라가 우세하다. 그 외에 집적도에 따라 또는 트랜지스터의 종류에 따라 여러 가지[9]로 분류할 수 있다.

좀 더 이해하기

"반도체 제대로 이해하기", 강구창, 지성사, 2005. 10 중에서

1 DRAM(Dynamic Random Access Memory)

　"12. 여러 가지 메모리들", pp 220-238

2 SRAM(Static Random Access Memory)

　"12. 여러 가지 메모리들", pp 220-238

3 플래시 메모리

　"12. 여러 가지 메모리들", pp 220-238

4 디지털(digital)

　"13. 조선시대의 디지털 통신", pp 239-247

5 아날로그(analog)

　"13. 조선시대의 디지털 통신", pp 239-247

6 ROM

　"12. 여러 가지 메모리들", pp 220-238

7 EPROM

　"12. 여러 가지 메모리들", pp 220-238

8 E^2PROM

　"12. 여러 가지 메모리들", pp 220-238

9 반도체의 여러 가지 분류

　"3. 반도체의 변천", pp 34-39

쉬어가는 글

IT 강국, 반도체 강국

많은 사람들이 우리나라를 IT 강국, 반도체 강국이라고 생각한다. 필자도 그런 생각에 이견은 없다. 그런데 재미있는 것은 컴퓨터 설계나 프로그램 작성, 건축 설계 등은 지식 기반 서비스업 내에서 별도로 구분된 업종 코드가 있는 반면, 반도체 분야는 아직도 반도체 설계라는 업종이 별도로 분류되지 않아서 그냥 기타 과학 기술 지식 기반 서비스업에 속한다.

고용/산재보험공단의 업종 코드상 제조업이나 지식 기반 서비스업 내에서 별도로 분류된 업종 코드를 가진 회사는 정부의 여러 가지 중소기업 혜택을 받을 수 있다. 하지만 그에 반해 고용/산재보험공단 업종상 제조업에 속하지도 않고, 지식 기반 서비스업에서도 별도 코드가 없는 '기타'에 해당하는 반도체 설계업은 중소기업 지원 정책에서 주어진 혜택을 전혀 받을 수 없게 되어 있다.

반도체 강국이라는 우리나라에서 팹리스 회사들이 속하는 반도체 설계 업종이 그저 '기타' 란 분류 속에 갇혀 전혀 관리되지 못하고 있는 실정이다. 어떤 사람은 조선소 도크를 건설할 때 목욕탕 법에 근거하여 건축 허가를 받았다는데, 필자도 건축 설계 간판을 내걸고 반도체를 설계하여야 하는가 보다.

CHAPTER 6

: 전 세계 반도체 회사의 매출액 순위

표 6.1은 전 세계 반도체 회사종합 반도체 회사와 팹리스 회사의 매출액 순위를 나타낸 것이다. 표 6.1은 파운드리 회사를 제외한 통계이며, 파운드리 회사들의 매출 순위는 표 6.2에 별도로 나타나 있다. 표6.1에서 보다시피 지구 상의 수많은 반도체 회사가 무색하리만치 상위 25개 회사가 세계 시장의 67.5%를 독점하고 있다. 마치 파레토의 법칙80:20의 법칙을 떠올리게 하는 통계 자료이다.

주의해서 보아야 할 것은 표 6.1에서 미국의 퀄컴, 브로드컴, 엔비디아, 마벨 그리고 대만의 미디어텍 등은 반도체 생산 라인인 팹이 없는 팹리스 회사라는 점이다. 이처럼 제조 라인이 없는 순수 반도체 설계만 하는 팹리스 회사들도 상위 25개 회사 중에 5개나 올라 있는 것을 기억해 두기 바란다.

순위	회사명	국적	매출액(백만불)	점유율(%)	비고
1	인텔(Intel Corp.)	미국	33,767	13.1	
2	삼성전자	한국	16,902	7.0	
3	도시바 반도체	일본	11,081	4.3	
4	텍사스 인스트루먼트(TI)	미국	11,068	4.3	
5	ST 마이크로 일렉트로닉스	이탈리아/프랑스	10,325	4.0	
6	르네사스(Renesas Technology)	일본	7,017	2.7	
7	소니(Sony)	일본	6,950	2.7	
8	퀄컴(Qualcomm)	미국	6,477	2.5	팹리스
9	하이닉스	한국	6,023	2.3	
10	인피니언(Infineon)	독일	5,954	2.3	
11	NEC(NEC Semiconductor)	일본	5,826	2.3	
12	AMD	미국	5,455	2.1	
13	프리스케일(Freescale)	미국	4,933	1.9	
14	브로드컴(Broadcom)	미국	4,643	1.8	팹리스
15	파나소닉(Panasonic)	일본	4,473	1.7	
16	마이크론(Micron Technology)	미국	4,435	1.7	
17	NXP	네덜란드	4,055	1.6	
18	샤프 전자(Sharp Electronics)	일본	3,682	1.4	
19	엘피다(Elpidia Memory)	일본	3,599	1.4	
20	롬(Rohm)	일본	3,348	1.3	
21	엔비디아(NVIDIA)	미국	3,348	1.3	팹리스
22	마벨(Marvell Technology Group)	미국	3,059	1.2	팹리스
23	미디어텍(Media Tek)	대만	2,896	1.1	팹리스
24	후지쯔(Fujitsu Microelectronics)	일본	2,757	1.1	
25	아날로그 디바이스(Analog Device)	미국	2,498	1.0	
	상위 20개 회사 합계		174,464	67.5	
	그 외 회사 합계		83,840	32.5	
	총 합계		258,304	100.0	

표 6.1 2008년 전 세계 반도체 회사 상위 25개 회사들의 매출액 및 시장 점유율(파운드리 회사 제외, 출처: 위키피디아)

순위	국적	국적	매출액(백만불)	점유율(%)
1	TSMC	대만	10,556	50.3
2	UMC	대만	3,400	16.2
3	차터드(Chartered)	싱가폴	1,743	8.3
4	SMIC	중국	1,354	6.5
5	뱅가드(Vanguard)	대만	511	2.4
6	동부하이테크	한국	490	2.3
7	엑스팹(X-Fab)	독일	400	1.9
8	HHNEC	중국	350	1.7
9	헤지안(He Jian)	중국	345	1.6
10	SSMC	싱가폴	340	1.6
	상위 10개 회사 합계		19,489	92.9
	그 외 회사들 합계		1,491	7.1
	총 합계		20,980	100.0

표 6.2 2008년 전 세계 파운드리 회사 매출액 상위 10개 회사들의 매출액 및 시장 점유율(출처 : 위키피디아)

국내에서는 아직도 팹리스 회사라고 하면 소규모 벤처 기업이나 중소기업쯤으로 인식이 되어 있는데, 그것은 아직 국내 팹리스 회사의 역사가 짧아서일 뿐 사업 영역이 작은 것은 아니라는 것이다. 따라서 언젠가는 국내 팹리스 회사도 대기업으로 성장할 가능성이 있다.

표 6.1에서 보면 전 세계 상위 25위 안에 우리나라의 삼성전자가 2위로, 하이닉스가 9위로 올라 있으니 우리나라가 반도체 강국이라는 자부심을 가질 만도 하다. 그러나 여기서 눈여겨봐야 할 점은 미국 국적의 회사가 10개, 일본 국적의 회사가 9개나 올라와 있다는 것이다. 그리고 표 6.1과 표 6.2를 기반으로 국가별 순위를 매기면 표 6.3

순위	국적	매출액(백만불)	점유율(%)
1	미국	79,576	28.5
2	일본	48,733	17.4
3	한국	23,415	8.4
4	대만	17,363	6.2
5	이탈리아/프랑스	10,325	3.7
6	독일	6,354	2.3
7	네덜란드	4,055	1.5
8	싱가폴	2,083	0.7
9	중국	2,049	0.7

표 6.3 2008년 전 세계 상위 25개 회사(표 6.1)와 파운드리 상위 10개 회사(표 6.2) 기준 국가별 반도체 매출 순위

이 된다. 상위 25개사, 파운드리 상위 10개사만을 기준으로 했기 때문에 모든 회사들을 포함한 실제 국가별 매출액과는 좀 차이가 있을 것이다. 하지만 그 차이는 미미한 수준이다.

표 6.3을 보면, 우리나라가 반도체 강국인 건 분명하지만 반도체 1등 국가는 아님을 알 수 있다. 우리나라는 아직도 우리가 세계 메모리 반도체 시장에서 밀어내 버린 일본에도 뒤져 있으며, 특히 미국과의 격차는 현저한 수준이다. 우리와 일본을 합쳐도 미국을 따라갈 수 없을 정도이니 말이다. 혹자는 미국에 대해 제조업을 포기한 나라인 듯이 말하지만 최소한 반도체 분야에 있어서만은 결코 그렇지 않으며, 아직도 세계 1등 국가임에 틀림없다. 자긍심을 갖는 것은 좋으나 자만하기엔 아직 이르다.

또 우리나라보다 국토 면적도 작고, 인구도 적은 네덜란드가 풍차나 돌리고 꽃이나 파는 나라가 아님을 알 수 있다. 물론, 그 나라는 반도체로 버는 돈보다 꽃_{사실은 품종에 대한 로열티 수입으로 알고 있다}을 팔아서 버는 돈이 훨씬 더 많겠지만 말이다.

CHAPTER 7

∷ 최근 우리나라 주요 반도체 회사들의 변천사

　그다지 중요한 내용은 아니지만 가끔 우리나라 반도체 회사의 족보를 궁금해 하는 사람들이 있어서 간략하게 국내 주요 반도체 회사들의 변천사를 소개하겠다. 외국, 특히 미국이나 일본의 반도체 회사들이 수차례에 걸친 인수·합병을 경험한 데 비하면 우리나라 반도체 회사들의 변천은 잔잔한 호수의 물결에 지나지 않는다.

　최근 우리나라 주요 반도체 회사들의 변천사는 그림 7.1과 같다. 그림에서 FAB은 종합 반도체 회사든 파운드리든 팹을 가지고 팹 사업을 하는 회사를, ASS'Y는 반도체 조립 사업을 하는 회사를 말한다.

　회사마다 시작한 시점은 각각 다르지만 1980년대에는 삼성전자, 현대전자, 금성일렉트론, 아남산업 그리고 그림에는 없지만 대우통신 등이 있었다. 우리가 보통 현대전자라고 부르는 회사의 정식 명칭은 '현대전자산업주식회사'였다. 즉, 가전제품은 취급하지 않았다.

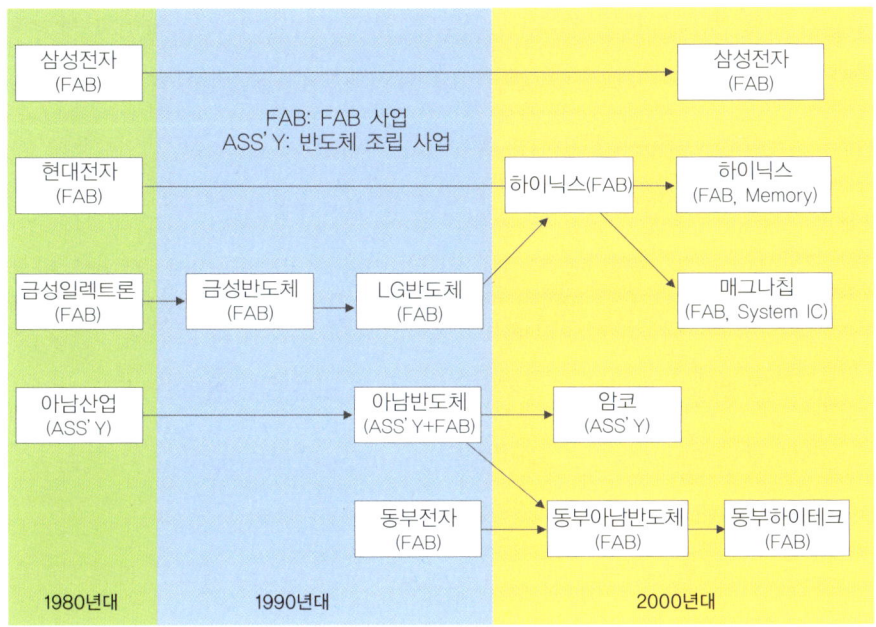

그림 7.1 최근 20여 년간 우리나라 주요 반도체 회사들의 변천사

삼성전자나 현대전자는 사실 종합 전자 회사로서 반도체뿐만 아니라 시스템도 취급하는 회사이다. 다만 여기서는 반도체 분야로 한정해서 설명하겠다.

삼성전자의 변천사는 아주 간단하다. 1980년대부터 지금까지 삼성전자라는 회사명을 변함없이 유지하고 있다.

현대전자는 외환 위기 직후인 1999년 LG반도체와 합병하여 일년 남짓 현대전자와 현대반도체라는 두 개의 법인으로 존재하다가, 2000년대 초 하이닉스라는 이름으로 사업을 이어 갔다. 그러다 2000년대 중반 메모리 반도체와 시스템 IC 사업을 분리하여 메모리 반도체 사업은 하이닉스에서, 시스템 IC는 매그나칩으로 나누어 사업을 지속했다. 그리고 1990년대 후반 현대전자 시절에 이미 반도체 조립 사업 부문은 칩팩이라는 회사로 분사시켰다.

1960년대부터 반도체 조립 사업을 줄곧 펼쳐 왔던 아남산업은 1990년대 중반 팹 사업에 뛰어들면서 아남반도체라고 사명을 바꾼다. 그리고 2000년대 초반, 역시 비슷한 시기에 팹 사업을 시작한 동부전자와 합병하여 동부아남반도체로 바뀌면서 반도체 조립 사업은 암코AmKor라는 회사에 매각하였다. 동부아남반도체는 최근에 동부하이테크로 사명을 바꾸었다.

한편 대우통신의 반도체 사업 부문은 중간에 복잡한 여러 과정을 거쳐서 현재는 광전자에 흡수되었다.

CHAPTER

8

: 최근 반도체 분야의
   기술 동향

"2010년 대기 전력 1W 이하 달성을 위한 국가 로드맵 '스탠바이 코리아 2010stanby Korea 2010'이 연착륙하기 위해서는…… 업계는 정부 정책에 원칙적으로 동의하면서도…… 가장 큰 이유는 원가 부담. 대기 전력을 1W 이하로 줄이기 위해서는 칩을 교체하는……"

-전자신문 2005.7.6

최근 반도체 분야에서 최대 화두는 저전력이다.

위의 기사를 보고 1970년대를 살아 본 독자들은 아련한 기억이 떠오를 것이다. 그 당시 제2차 석유 파동을 맞아 국가적으로 에너지 절약을 강조한 적이 있다. 당시의 캠페인들이 생각나는가? 안 쓰는 전기 제품그 당시에는 전자 제품이라는 말보다 전기 제품이라는 말을 많이 사용했던 것 같다의 플러그를 뽑아 놓자는 것이 그 중 하나였다. 요즘도 다시 방송에 이런 캠페인이 등장하고 있다.

여기서 말하는 대기 전력이란 전자 제품이 동작하지 않을 때, 즉 TV가 꺼져 있을 때 소비되는 전력이다. TV를 껐는데 왜 전력이 소비될까? 모든 전자 제품들은 꺼져 있을 때도 전원이 연결되어 있으면 전기를 소모한다. 그것은 반도체 칩이 동작을 하지 않을 때도 전원이 연결되어 있으면 누설 전류leakage current가 흐르기 때문이다. 전력의 크기는 전압 곱하기 전류이므로 전류가 흐르면 전력이 소모되는 것은 당연하다.

2005년은 이산화탄소 배출권의 심각성이나 녹색 에너지의 중요성이 일반인들에게 아직 널리 알려지기 전이다. 그 당시 필자는 이런 기사가 발표된 배경을 찾아 보게 되었다. 그 배경에는 우리나라 가정에서 사용되는 전자 제품의 증가 속도가 한국전력에서 발전소를 건설하는 속도보다 빠르다는 사실이 있었다. 원자력 발전소의 건설은 환경 단체 등의 반발로 일을 진행하는 데 많은 장애가 있다. 원자력 발전소 건설 없이는 증가하는 전력을 몇 년 안에 도저히 수급할 수 없는 사태가 뻔히 예견되었다. 그러다 보니 모든 전자 제품 회사들에게 대기 전력 1W 이하인 제품만을 만들게 한 것이다.

그러나 반도체 분야는 이미 몇 년 전부터 이런 문제에 봉착해 있었다.

반도체에서는 작은 디자인 룰을 사용하면 많은 이점이 있다.

첫째, 다이die의 면적이 작아져서 반도체 칩의 원가가 낮아진다. 게다가 다이가 작기 때문에 MP3 플레이어, PDA, 전자수첩, DMB, 휴대폰 등 부피가 작은 휴대용 전자 제품에 탑재할 수 있도록 반도체 칩을 작게 만들 수 있다.

둘째, 작은 디자인 룰을 사용할수록 동작 속도가 높은 반도체 칩의 제조가 가능하다. 그래서 예전엔 PC MPU의 동작 속도가 기껏해야 수백 메가헤르쯔MHz였던 것이 요즘은 몇 기가헤르쯔GHz, 1GHz는 1000MHz도 가능한 것이다.

셋째, 작은 디자인 룰을 사용할수록 전원 전압을 낮출 수 있기에 전력 소모를 줄일 수 있다. 예를 들어 예전의 2.0마이크로미터 디자인 룰을 사용한 반도체 칩은 5V에서 동작했지만, 0.35마이크로미터 디자인 룰에서는 3.3V, 0.13마이크로미터 디자인 룰을 사용하는 반도체 칩은 1.2V에서 동작한다. 전력이 전압 곱하기 전류이므로 전압이 낮아지는 만큼 소비 전력이 줄어든다.

이런 이유들 때문에 반도체 회사들은 자금이 허용하는 범위 내에서 너도나도 작은 디자인 룰의 제조 공정을 사용하여 왔다. 그런데 심각한 문제가 하나 발생했다.

그림 8.1에서 보면 0.25마이크로미터 디자인 룰, 즉 250나노미터 디자인 룰에서는 5%를 차지하던 누설 전류의 비중이 90나노미터 디자인 룰에서는 58%를 차지하는 것을 알 수 있다.

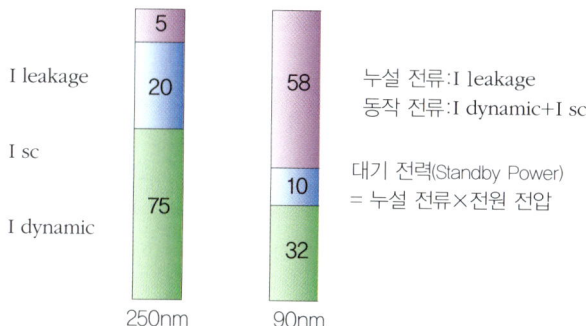

그림 8.1 디자인 룰 감소에 따른 누설 전류의 비율(출처: Cadence Technology Tour 2005)

즉 90나노미터 디자인 룰에서는 동작 시의 전력 소모보다 오히려 대기 시의 전력 소모가 높다는 것이다. 전력은 곧 전류 곱하기 전압이므로 이후에는 전력이라는 말과 전류라는 말을 혼용하여 사용하도록 하겠다. 즉, 누설 전류가 높다는 말은 대기 전력이 높다는 말과 동일하다. 이는 특히 건전지로 동작되는 MP3 플레이어, PDA, 전자수첩, DMB, 휴대폰 등 휴대용 전자 제품에 직접적인 영향을 끼치게 된다.

전류가 흐른다는 것은 전력 소모가 발생한다는 것이고, 전력이 소모된다는 것은 에너지 보존의 법칙에 따라 곧 열이 발생한다는 것이다. 열은 반도체 칩의 오동작을 유발한다. 따라서 반도체 칩이 그래도 계속 정상 동작을 하려면 그림 8.2와 같은 방열판이나 방열 팬 등이 필요하다.

독자들의 집에 있는 PC를 열어 보면 그림 8.2와 같은 방열 팬들을 쉽게 찾아볼 수 있다. 그림 8.2의 A는 가로, 세로, 높이가 각각 4cm×4cm×2cm 정도인 방열팬이고, B는 약 6cm×6cm×4cm 정도 되는 방열판 위에 다시 약 6cm×6cm×2cm의 방열 팬을 붙인 것이다.

그런데 이렇게 큰 방열판이나 방열 팬을 어떻게 휴대용 전자 제품에 탑재시키겠는가? 기껏 휴대용 전자 제품에 탑재시키려고 작은 디자인 룰을 사용하여 칩 자체를 작게 만드는 데는 성공했으나, 그 칩에서 발생하는 열을 식히기 위해 그림과 같은 방열 팬을 붙여 버리면 애초에 칩을 작게 만든 의미가 없다.

그림 8.2 반도체 칩 위에 장착된 방열용 팬

이런 현상은 0.13마이크로미터 디자인 룰에서부터 무시할 수준을 벗어나 지금은 반도체 분야의 핫이슈가 되었다. 각 반도체 분야 종사자들은 요즘 모두들 이 문제로 골머리를 앓고 있다. 이런 저전력 문제를 해결하기 위한 노력은 크게 다음과 같이 5가지 방법으로 접근하고 있다.

첫째, 상위 수준 설계, 즉 RTL 코딩에서부터 이 문제를 고려하여 동작하지 않는 회로 블록에는 클록clock을 끊어 버리는 것이다. 이 방법은 예전에 일일이 회로를 손으로 설계하는 풀 커스텀full custom 설계 방식에서도 사용했다. 요즘처럼 게이트 수준 회로 설계를 소프트웨어에 의존하는 SoC 설계 방식에서는 RTL에서 그것을 고려하여 RTL 코딩을 해 주기 때문에 비교적 손쉽게 해결할 수 있다.

이 방법은 동작 시의 소비 전력을 줄일 수는 있지만 여전히 대기 시의 전력을 줄여 주지는 못한다. 대기 시의 전력은 여전히 사용하는 스텐다드 셀 라이브러리의 특성에 종속되어 있다.

둘째, 팹에서 누설 전류를 줄이는 제조 공법을 개발하는 것이다.

요즘은 0.13마이크로미터 디자인 룰 이하를 제조하는 모든 팹이 이런 제조 기술을 보유하고 있다. 즉, 누설 전류가 작은 HVThigh threshold voltage[1] 트랜지스터를 제공한다. 이 트랜지스터의 특성은 LVT low threshold voltage[2] 트랜지스터에 비해 누설 전류가 월등히 낮다는 것인데, 대신 동작 속도가 LVT 트랜지스터에 비해 늦다는 단점이 있다.

따라서 반도체 설계 시, 동작 속도가 빨라야 하는 회로 블록에는 LVT 트랜지스터를 사용하여 설계하고, 동작 속도가 느려도 되는 부분은 HVT 트랜지스터를 사용하여 설계를 하면 된다.

그런데, 동작 속도도 빠르면서 대기 전력, 즉 누설 전류도 줄이고 싶어진다면?

그럴 때는 HVT 트랜지스터로만 설계를 하면 된다. 대신에 동작 속도를 높이기 위해 LVT 트랜지스터보다 큰 HVT 트랜지스터를 사용해야 한다.

트랜지스터 개수가 많아지거나 크기가 커지면 다시 누설 전류가 높아진다. 따라서 누설 전류를 낮추기 위해 HVT 트랜지스터로만 설계를 했는데 동작 속도를 높이기 위해 크기가 큰 HVT 트랜지스터를 사용하면 또다시 누설 전류가 높아져 버린다. 게다가 트랜지스터가 크기 때문에 면적이 커지고, 그러면 작은 다이를 만들어 원가를 낮추려는 노력도 그만큼 효과가 없어지는 것이다.

셋째, 여러 종류의 전원 전압을 사용하는 방법이다.

트랜지스터는 전원 전압이 높을수록 동작 속도도 높아지고 누설 전류도 높아지는 특성이 있다. 따라서 동작 속도가 높아야 하는 회로 블록에는 높은 전원 전압을 가하고, 동작 속도가 높을 필요가 없는 회로 블록에는 낮은 전원 전압을 가하는 것이다.

단, 낮은 전원 전압에 사용되는 트랜지스터에 높은 전원 전압이 가해지면 그 트랜지스터는 파손되어 쓸 수 없게 된다. 따라서 회로 블록이 정확하게 나누어졌는지, 그 회로 블록에 높은 전원 전압용 트랜지스터 또는 낮은 전원 전압용 트랜지스터가 올바로 사용되었는지 설계 시에 세심한 확인이 필요하다.

물론, 수백만 개 또는 수천만 개의 트랜지스터를 사람이 일일이 눈으로 확인할 수는 없는 노릇이고, 이를 검증할 수 있는 소프트웨어나 설계 환경이 구축되어 있어야 한다. 당연히 이를 지원하는 소프트웨어는 비쌀 수밖에 없다.

넷째, 반도체 물질 자체를 바꾸려는 접근 방식이다.

트랜지스터는 발명 당시 게르마늄$_{Ge}$을 사용하였다. 그리고 약 10여 년 후 실리콘$_{Si, 규소}$으로 바꾸어 지금까지 사용해 왔다. 낮은 디자인 룰에서 누설 전류가 높은 것은 이 실리콘이라는 물질의 타고난 본성이다. 그러니 낮은 디자인 룰에서도 실리콘보다 낮은 누설 전류가 흐르는 물질을 반도체 물질로 사용하면 되지 않겠는가?

이 방법은 이미 10여 년 전부터 시도되고 있으며 실리콘 게르마늄$_{SiGe}$이 그 대표적인 연구 대상이 되는 물질이다. 저전력 문제를 해결하기 위한 가장 근본적인 방법이지만, 10년이 넘도록 아직 상용화되지 못했다.

다섯째, 트랜지스터 수준에서의 회로 변경이다.

제조 공정에서 누설 전류를 줄이는 것도 한계에 다다르고, 물질을 바꾸려는 연구는 아직 결실이 없으니, 머리가 좀 아프더라도 트랜지스터 수준에서 새로운 회로를 만들어 누설 전류를 줄이는 것도 하나의 방법이다.

이는 속도가 빠른 LVT 트랜지스터와 누설 전류가 낮은 HVT 트랜지스터를 트랜지스터 회로 수준에서 잘 설계하여, 동작 시에는 LVT 트랜지스터의 동작 속도로 동작하고, 대기 시에는 HVT 트랜지스터 수준의 누설 전류만 흐르게 한다. 그리고 동작하는 회로 블록에만 전원을 가하고 동작하지 않는 회로 블록에는 전원 자체를 아예 공급하지 않는다. 전원을 공급하지 않기에 절전 효과가 매우 높다.

단, 이 회로 기술은 SoC 설계에 기본적으로 제공되는 스텐다드 셀 라이브러리에 적용하여야 한다. 현재 Intel, IBM, TI, Qualcomm 등 해외 유수의 기업들은 자체의 특허 기술을 이미 확보하고 있고, 필자의 (주)맥궁반도체도 이런 종류의 기술을 특허 등록하여 상용화를 추진 중이다.

그 외에도 여러 가지 방법이 있겠으나, 크게 위의 5가지가 대표적이다. 이 중에서 첫 번째, 두 번째, 세 번째 방법은 국내에서도 이미 많은 회사들이 사용하고 있고, 네 번째 방법은 해외에서 활발히 진행되는 것으로 보이는데 국내 사정은 잘 모르겠다.

다섯 번째 방법은 말 그대로 그런 특허 기술을 보유한 회사들만 사용하고 있는 것으로 보인다. 그럴 수밖에 없는 것이 위의 Intel, IBM, TI, Qualcomm 같은 회사들은 얼마 되지 않는 특허료를 받고자 굳이 자신들의 특허를 남에게 팔 필요성을 느끼지 못하는 대기업들이다. 차라리 그 특허를 사용하지 못하게 하여 경쟁자들을 따돌리는 것이 사업상 유리하다.

좀 더 이해하기

1 HVT(high threshold voltage)

전자 공학에서 전압은 V로 표기하기 때문에 문턱 전압 threshold voltage 은 V$_T$라고 표기한다. 여기서 'T'는 아래 첨자로 표기한다. 그런데 '높은 문턱 전압'을 나타낼 때는 아래 첨자가 아닌 보통 문자로 표기한다. 그래서 high threshold voltage를 약자로 쓰면 HTV나 HV$_T$가 아닌 HVT라고 표기한다.

2 LVT(low threshold voltage)

HVT와 마찬가지로 LTV나 LV$_T$라고 쓰지 않고 LVT라고 표기한다.

글을 맺으며

이제 마무리를 지어 보자.

이 책의 머리말에 필자가 던졌던 질문들에 대한 답을 얻었는가? 반도체 사업에는 수조 원의 자금이 소요된다고 알려져 있다. 때문에 대기업 간에도 합작을 하는 경우가 종종 있다. 그런데 불과 수천만 원 혹은 수억 원의 자본금으로 만든 반도체 회사가 존재하는 이유는 무엇인가?

그것은 바로 그 회사들이 팹을 보유하지 않은 팹리스 회사나 디자인 하우스 또는 IP 회사들이기 때문이다. 그리고 이런 회사들은 결코 대기업의 하청 업체가 아닌 자신의 제품을 가지고 자신의 브랜드로 시장에서 스스로 영업을 하는 독립적인 회사들이다. 또 반도체 제조 라인인 팹을 보유하지 않고도 반도체를 제조할 수 있는 것은 COT 또는 파운드리 비즈니스 모델이 존재하기 때문에 가능한 것이다.

"그래도 반도체 벤처 회사기관에서 정의하는 진짜 벤처 기업이 아닌, 일반적으로 통용되는 벤처 회사들 중에 대기업 하청 일을 하던데?"라고 말하는 독자들도 있을 것이다. 그렇다. "그렇다고? 방금 대기업의 하청 업체가 아니라며?" 그 말도 맞다. 그럼 도대체 하청 업체가 맞다는 소리인가, 아니라는 소리인가?

그 회사들은 하청 업체가 아니다. 상법에서 하청 업체를 어떻게 정의하고 있는지는 모르지만, 필자가 말하고자 하는 하청 업체는 자신의 제품이나 서비스가 없는 회사들, 혹은 그런 제품이나 서비스의 기획을 독자적으로 수행하지 않는 회사들을 말한다.

즉, 다른 회사에서 제품이나 서비스를 기획하여 그대로 개발해 주기를 원하는 일들-반도체 분야에서는 하청이란 용어 대신에 주로 외주 용역outsourcing이라는 용어를 많이 사용한다-을 수행하는 회사를 하청 업체, 또는 용역 회사라 정의하고자 한다.

이런 의미에서 팹리스 회사나 디자인 하우스, IP 회사들은 하청 업체나 용역 회사가 아니다. 어떤 타이어 회사가 자신들의 제품인 타이어를 자동차 회사에 납품한다고 해서 그 타이어 회사를 그 자동차 회사의 하청 업체라고 불러도 되는 것일까? 그 타이어 회사는 해외에 자신들의 타이어를 자신들의 브랜드로 수출하는데도?

반도체는 본질적으로 부품이다. 따라서 궁극적으로 이를 필요로 하는 모든 전자 제품에 탑재되어야만 한다. 그렇다고 펜티엄 프로세서를 만드는 인텔 같은 회사를 그보다 훨씬 작은 PC 제조 회사의 하청 업체라고 부른다면 누가 들어도 웃을 일이 아닌가?

그러나 아직 기업 공개를 하지 못했거나, 투자를 유치하지 못한 거의 대부분의 반도체 벤처 기업들은 실제로 대기업의 용역을 수행한다. 그것은 현실적인 이유 때문이다. 아무리 꿈을 먹고 사는 벤처 기업 대표들이라도 실제 꿈만 먹고 사는 것은 아니지 않은가? 설혹 그 사람들이 이슬만 먹고 사는 신선들이라 하더라도 그 직원들은 밥을 먹어야 하지 않겠는가?

본문에서 필자는 여러 차례 반도체 개발의 각 단계별로 소요되는 시간을 언급했다.

얼추 반도체 설계에 1년, 제조와 테스트 그리고 잠재 고객들에게 시연demonstration하는 데 또 반년, 게다가 그 반도체 칩을 가지고 시스템 회사에서 전자 제품 하나를 개발하는 데 다시 또 반년, 그러고도 시스템 회사가 그 전자 제품을 양산하기 시작한 후에야 반도체 회사에서는 매출이 생기기 시작한다.

즉, 반도체 칩 하나를 기획해서 그것이 매출로 나타나기까지는 약 2년이라는 시간이 소요된다. 그것도 그 반도체 칩이 단번에 기술적인 면뿐만 아니라 시장에서도 성공했을 경우에 한해서만 그렇다는 것이다.

그렇다면 그 동안 그 벤처 회사 직원들은 뭘 먹고 살아가라는 말인가? 이론적으로는 벤처 캐피털 회사들도 있고 정부 정책 사업도 있다. 하지만 아직 매출은커녕 자본 잠식 상태에 제품 개발도 끝나지 않은 초창기 기업에게는 투자 유치나 은행 대출이 거의 불가능한 것이 우리나라의 실정이다. 하지만 현실이 그렇다고 해서 투자 환경이나 정부 정책만 탓하고 있을 것인가? 그 불만을 토로하고 있을 시간에 어찌되었든 스스로의 꿈을 이루기 위해서 자력갱생해야 하지 않겠는가?

그래서 벤처 회사들은 대기업 용역을 맡아서 수행한다. 이런 일들이 다반사이기에 일반인들이 반도체 벤처 회사들을 대기업의 하청 업체로 오해하는 것은 어찌 보면 당연할 수 있다.

그런데 이 용역 사업은 벤처 기업 입장에서는 필요악이다. 자금 동원력이 부족하여 최소한의 자본금으로 시작한 벤처 기업 입장에서는 당장 먹고살 자금이 필요하고, 그래서 용역 개발을 하기는 하지만 그러다 보면 정작 자신의 제품 개발이 그만큼 늦어지게 된다.

그렇다고 전문 인력을 추가로 뽑아 자신의 제품을 개발하고 있을 수도 없는 노릇이다. 있는 직원도 월급을 줄 자금이 없어서 용역을 하는 판국에 어떻게 더 직원을 뽑겠는가? 낮에는 용역 개발하고 밤에는 자기 제품을 개발하면 되지 않느냐고?

외주 용역을 주는 이유는 단지 개발비를 줄이기 위해서만이 아니다. 내부에서 개발하는 것보다 빨리 개발하기 위한 것도 외주 용역의 목적 중 하나이다. 그러니 개발 인력이 대기업보다 훨씬 적은 벤처 기업에서는 낮은 물론이고 밤에도 그 용역 개발을 해야만 겨우 일정을 맞출 수 있을 만큼 개발 기간도 짧다.

현실이 이렇다 보니 처음에 웅대한 청운(?)의 꿈을 가지고 시작한 벤처 기업들이 냉엄한 현실의 벽에 부딪히고, 게다가 달콤한 개발 용역에 맛을 들여 그 굴레를 벗어나지 못한 채 결국엔 영구적인 용역 회사로 전락하고 마는 경우도 비일비재하다.

서두에 던진 몇 가지 질문들에 대한 정리는 이쯤 해 두고자 한다. 그렇다면 비즈니스 모델은 어떠한가?

이 책에서 소개한 ASIC 비즈니스, COT 비즈니스, 파운드리 비즈니스 등은 반도체의 제조 과정에서부터 판매에 이르기까지 전 과정을 잘 알고 있는 사람들이 고심해서 만든 것들이다. 실제로 COT 비즈니스와 파운드리 비즈니스의 창시자로 알려진 TSMC의 창업자 모리스 창Morris Chang도 미국 스탠포드 대학의 전기 공학미국 대학들은 전기과와 전자과의 구분이 없다 박사이다.

이 책은 비즈니스 모델에 관한 책이다. 하지만 반도체 설계에서부터 제조, 조립, 테스트까지의 전 과정에 대한 포괄적인 이해 없이는 비즈니스 모델을 이해할 수 없다. 때문에 비록 심도는 낮지만 책의 많은 분량을 기술적인 면의 이해를 구하는 데 할애한 것이다.

앞으로도 비즈니스 모델은 계속 발전하고 새로운 비즈니스 모델들이 생겨날 것이다. 그리고 그 새로운 비즈니스 모델을 창시할 사람은 엔지니어이거나, 실제 엔지니어가 아니더라도 최소한 이 반도체 산업 전 과정의 기술적 흐름을 충분히 숙지하고 있는 사람임에 틀림없다 하겠다.

서두에 던진 질문과 전제에 대해 답변을 했으니, 마지막으로는 필자가 하고 싶은 말을 덧붙이고자 한다.

사실 국내에서 반도체 벤처 기업들은 일반인들이 알고 있는 것보다 훨씬 빨리 출현했다. 벤처 기업이라는 말이 생기기도 전인 1980년대 후반부터 ASIC 비즈니스 기반의 외국 회사 디자인 하우스가 등장하기 시작해서, 1990년대 초에는 파운드리 비즈니스 기반의 팹리스 회사들이 창립되기 시작했다. 그러다 1990년대 후반 외환 위기 직후 정부의 벤처 기업 육성책과 벤처 붐을 타고 디자인 하우스나 팹리스 회사들이 급격히 많아졌다.

그러나 본문에서도 언급했듯이 요즘은 디자인 룰이 급격하게 작아짐에 따라 팹 비용이 엄청나게 높아졌다. 따라서 앞으로는 국내에서도 팹리스 회사보다는 현재까지 거의 전무하다시피한 IP 회사들이 자의반 타의반으로 많이 출현하게 될 것 같다.

자신의 아이디어를 반도체 칩으로 제조하여 시제품을 만들기에는 너무나 막대한 팹 비용이 소요되기 때문에 이보다 훨씬 적은 비용으로 구현할 수 있는 IP 사업으로 발길을 돌릴 수밖에 없는 것이 바로 오늘날의 현실이다.

그러나 이것을 꼭 비참한 현실로만 받아들일 일은 아니다. 왜냐하면 요즘은 모두들 SoC 디자인을 하는데, SoC 디자인을 하려면 IP들이 반드시 필요하기 때문이다.

또 한가지, 필자는 지금쯤이면 반도체 분야에서 뭔가 새로운 비즈니스 모델이 출현할 시기가 되었다고 생각한다. 그 이유는 이렇다. 파운드리 비즈니스 모델이 출현하여 팹을 보유하지 않은 팹리스 회사들도 반도체 칩을 제조할 수 있게 되기는 했다. 하지만 요즘 들어 디자인 룰이 너무나 작아졌고 그 디자인 룰이 줄어드는 속도가 너무나 빨라 그에 상응하는 팹 비용을 감당할 수 없는 지경에 이르렀다.

다시 말해 파운드리 비즈니스 모델이 출현한 시기 이전처럼 또다시 팹리스 회사들이 반도체 칩을 제조하는데, 팹을 건설하는 비용만큼은 아니더라도 어찌되었든 막대한 자금의 필요성에 직면했기 때문이다.

게다가 파운드리 비즈니스 모델이 출현한 지 벌써 20여 년이 지나지 않았는가? 한 가지 비즈니스 모델로 20여 년간 많은 회사들이 잘 먹고살았으니, 이제는 또다시 누군가 매력적인 비즈니스 모델을 제시할 때도 되지 않았나 싶다.

예를 들어 우편 사업은 롤런드 힐Rowland Hill이라는 사람이 기존에 존재하던 우편 서비스에 약간의 변형을 가해 요즘과 같은 형태로 만들었다고 한다.

과거에는 우편 요금이 수취인 부담인데다 거리와 무게에 따라 요금이 달랐다. 그는 이것을 발신인 부담에 일률적인 요금제로 바꿈으로써 일반인들이 굳이 우체국까지 가지 않고도 가까운 우체통을 이용해 우편 서비스를 받을 수 있게 한 것이다. 이처럼 편리해진 우편 서비스 덕분에 이후 우편 사업은 크게 발전할 수 있었다.

힐이 변형한 것은 아주 간단한 것이었다. 사실 기발한 아이디어라는 것도 알고 보면 모두 콜럼버스의 달걀과 같은 것이리라. 우편물이 배달되는 과정만 놓고 보면 여전히 동일한 마차에, 동일한 배달부가 수행했다. 즉, 배달 과정을 기술적 영역이라 본다면, 기술적으로는 아무것도 달라진 것이 없는데 시장이 커진 것이다.

독자들의 생각은 어떠한가? 누군가 제2의 모리스 창, 제2의 롤런드 힐이 되고 싶은 사람은 없는가?